農業簿記検定
問題集

2級

大原出版

はじめに

　わが国の農業は、これまで家業としての農業が主流で、簿記記帳も税務申告を目的とするものでした。しかしながら、農業従事者の高齢化や耕作放棄地の拡大など、わが国の農業の課題が浮き彫りになるなか、農業経営の変革が求められています。一方、農業に経営として取り組む農業者も徐々に増えてきており、農業経営の法人化や6次産業化が着実にすすみつつあります。

　当協会は、わが国の農業経営の発展に寄与することを目的として平成5年8月に任意組織として発足し、平成22年4月に一般社団法人へ組織変更いたしました。これまで、当協会では農業経営における税務問題などに対応できる専門コンサルタントの育成に取り組むとともに、その事業の1つとして農業簿記検定に取り組んできており、このたびその教科書として本書を作成いたしました。

　本来、簿記記帳は税務申告のためにだけあるのではなく、記帳で得られる情報を経営判断に活用することが大切です。記帳の結果、作成される貸借対照表や損益計算書などの財務諸表から問題点を把握し、農業経営の発展のカギを見つけることがこれからの農業経営にとって重要となります。

　本書が、農業経営の発展の礎となる農業簿記の普及に寄与するとともに、広く農業を支援する方々の農業への理解の一助となれば幸いです。

　　　　　　　　　　　　　　　　　一般社団法人 全国農業経営コンサルタント協会

　　　　　　　　　　　　　　　　　　　　会長　　森　　剛一

─── ●本書の利用にあたって● ───

　この問題集は、姉妹編の「農業簿記検定教科書2級」に準拠した問題集です。従って、教科書の学習の進度に合わせて、併行して利用されることをお奨め致します。

（1）　教科書の単元を学習し終えたら、問題集を解いてください。解答後は、必ず解答編で確認するようにしてください。

　　　　問題1　原価の分類（教科書P.7）

　　　教科書のP.7までを学習し終えたら、問題1を解いて下さい。

（2）　解答を見ても分からないときは、教科書に戻り説明を読んで、どこが間違っているかを確認しましょう。

農業簿記検定問題集
2級

目　次

問題編

第1編　原価計算編

第1章　農業簿記の基礎

| 問題1 | 原価の分類 | ⇒ 解答P.76 |

次の項目を製造原価、販売費、一般管理費のそれぞれに分類しなさい。なお、解答にあたっては番号のみ記入すること。

1．水田の従業員の給料　　　2．本社建物の減価償却費　　3．販売所の電気代

4．本社役員の給料　　　　　5．新製品発表会の費用　　　6．農場の飼料費

7．販売所の郵便切手代　　　8．本社従業員の給料　　　　9．野菜畑の農薬費

10．販売所建物の減価償却費　11．水田機械の減価償却費　12．本社建物の固定資産税

13．本社の電話代　　　　　　14．農場機械の固定資産税　15．販売所所長の給料

総 原 価														
製 造 原 価					販 売 費					一 般 管 理 費				

第２章　農業簿記の記帳体系

問題２　個別原価計算の記帳体系　　　　　　　　　　　　⇒ 解答P.77

　次の取引の仕訳と勘定への転記を行い、さらに指示書別原価計算表にも記入しなさい。
(1)　肥料100,000円を掛で購入した。

(2)　購入した肥料のうち、直接材料費として生産指示書ジャガイモに20,000円、ニンジンに25,000円、タマネギに20,000円および間接材料費として30,000円消費した。

(3)　賃金手当175,000円から預り金25,000円を差し引き現金で支払った。

(4)　支払った賃金手当のうち、直接労務費として生産指示書ジャガイモに60,000円、ニンジンに65,000円、タマネギに20,000円および間接労務費として30,000円消費した。

(5)　経費80,000円を現金で支払った。

(6)　支払った経費のうち、直接経費として生産指示書ジャガイモに20,000円、ニンジンに10,000円および間接経費として50,000円消費した。

(7)　製造間接費110,000円を、一定の基準によって生産指示書ジャガイモに46,000円、ニンジンに44,000円、タマネギに20,000円配賦した。

⑻　生産指示書ジャガイモとニンジンが収穫された。なお、タマネギは月末現在未収穫である。

肥　料　費　（単位：円）

⑴ 買　掛　金	⑵ 仕　掛　品
	〃 製 造 間 接 費

賃　金　手　当　（単位：円）

⑶ 預　り　金	⑷ 仕　掛　品
〃 現　　金	〃 製 造 間 接 費

経　　費　（単位：円）

⑸ 現　　金	⑹ 仕　掛　品
	〃 製 造 間 接 費

製 造 間 接 費　（単位：円）

⑵ 肥　料　費	⑺ 仕　掛　品
⑷ 賃 金 手 当	
⑹ 経　　費	

仕　掛　品　（単位：円）

⑵ 肥　料　費	⑻ 製　　品
⑷ 賃 金 手 当	
⑹ 経　　費	
⑺ 製 造 間 接 費	

製　　品　（単位：円）

⑻ 仕　掛　品	

指示書別原価計算表　（単位：円）

摘　要	ジャガイモ	ニンジン	タマネギ	合　計
直 接 材 料 費				
直 接 労 務 費				
直 接 経 費				
製 造 間 接 費				
合　計				
備　考				

第3章　材料費会計

| 問題3 | 材料の購入 | ⇒ 解答P.79 |

次の取引の仕訳を行いなさい。

種粕400,000円を掛で購入した。なお、引取運賃2,000円は月末に支払うことにした。

| 問題4 | 材料の消費① | ⇒ 解答P.79 |

以下の取引について仕訳を行い、さらに材料勘定の空欄に金額を埋めなさい。なお、実際消費量については、素材は継続記録法、補助材料は棚卸計算法によって計算し、消費価格については、素材は先入先出法、補助材料は総平均法によって計算している。また、仕訳に用いる勘定科目名は材料勘定を参照して答えること。

4月1日：前月繰越　素　材　　100kg　　@200円　　20,000円

補助材料　　200個　　@ 50円　　10,000円

　5日：素材63,000円（300kg）を掛で購入した。

　6日：補助材料48,000円（800個）を掛で購入した。

11日：素材250kgを製造指図書＃100に出庫した。

18日：素材51,250円（250kg）を掛で購入した。

22日：素材300kgを間接材料として出庫した。

30日：補助材料の月末実地棚卸量は300個であり、間接材料費を計上した。

30日：素材の月末実地棚卸量は90kgであった。このため、棚卸減耗損を計上した。

〔答案用紙〕

	（借　　方）		（貸　　方）	
5日：		円		円
6日：		円		円
11日：		円		円
18日：		円		円
22日：		円		円
30日：		円		円
30日：		円		円

材　　　　　料　　　　（単位：円）

4/1 前 月 繰 越（　　　）	4/11 仕 掛 品（　　　）
5 買 掛 金（　　　）	22 製 造 間 接 費（　　　）
6 買 掛 金（　　　）	30 製 造 間 接 費（　　　）
18 買 掛 金（　　　）	30 棚 卸 減 耗 損（　　　）
	30 次 月 繰 越（　　　）
（　　　）	（　　　）
5/1 前 月 繰 越（　　　）	

問題5　材料の消費②　　　　　　　　　　　　　　　　　　⇒ 解答 P.81

次の〔資料〕に基づいて、諸問に答えなさい。

〔資　料〕

主要材料（種苗）について

　継続記録法による出入記録を行っている。当月の入庫および出庫の状況は以下のとおりであった。なお、前月繰越は、@490円、100kgであった。

	入　庫			出　庫	
日付	単価（円）	数量（kg）	日付	数量（kg）	
6／2	@508	200	6／4	250	
6／12	@516	300	6／18	230	

（注）　当月末に行った実地棚卸の結果、棚卸減耗は存在しなかった。

問1　主要材料（種苗）の実際消費価格の計算方法として、先入先出法を採用している場合

①　実際消費価格を用いた場合の材料費

②　予定消費価格（@500円）を用いた場合の材料消費価格差異

③　月末材料有高

問2　主要材料（種苗）の実際消費価格の計算方法として、総平均法を採用している場合

①　実際消費価格を用いた場合の材料費

②　予定消費価格（@500円）を用いた場合の材料消費価格差異

③　月末材料有高

問3　主要材料（種苗）の実際消費価格の計算方法として、移動平均法を採用している場合

①　実際消費価格を用いた場合の材料費

②　予定消費価格（@500円）を用いた場合の材料消費価格差異

③　月末材料有高

〔答案用紙〕　（注）（　　）内には「借方・貸方」を明記すること。

問1	①	円	②	円（　　　）
	③	円		

問2	①	円	②	円（　　　）
	③	円		

問3	①	円	②	円（　　　）
	③	円		

⇒ 解答P.84

問題6　材料の消費③

当社では、継続記録法により材料の実際消費量を計算しており、毎月末に実地棚卸を行うことで棚卸減耗を把握している。次の〔資料〕に基づいて、以下の諸問に答えなさい。

〔資　料〕

当月の入庫および出庫の状況は以下のとおりであった。なお、前月繰越は80kgであった。

入　　庫			出　　庫	
日付	単価（円）	数量（kg）	日付	数量（kg）
4 / 5	@2,510	500	4 /10	480
4 /20	@2,520	300	4 /25	330

（注）　当月末の材料実地棚卸高は68kgであった。

問1　材料消費額に実際消費価格を用いている場合、諸勘定の記入を行い、また、当月の棚卸減耗損を算定しなさい。なお、材料の払出単価計算は先入先出法による。月初有高の単価は@2,490円であった。

問2　材料消費額に予定消費価格（@2,500円）を用いている場合、諸勘定の記入を行い、また、当月の棚卸減耗損と材料消費価格差異を算定しなさい。なお、材料の実際払出単価計算は先入先出法による。月初有高の単価は@2,490円であった。

〔答案用紙〕　（注）（　　）内には「有利・不利」を明記すること。

問1　棚卸減耗損　　　　　　　　　　　円

材　　　　料　　　（単位：円）

4/1 前 月 繰 越	4/10 仕 掛 品
4/5 買 掛 金	4/25 仕 掛 品
4/20 買 掛 金	4/30 棚 卸 減 耗 損
	4/30 次 月 繰 越
5/1 前 月 繰 越	

仕　　掛　　品　　（単位：円）

| 4/10 材　　料 |
| 4/25 材　　料 |

問2　棚卸減耗損　　　　　　　　　　　円

材料消費価格差異　　　　　　　円（　　　　）

材　　　　料　　　（単位：円）

4/1 前 月 繰 越	4/10 仕 掛 品
4/5 買 掛 金	4/25 仕 掛 品
4/20 買 掛 金	4/30 材料消費価格差異
	〃 棚 卸 減 耗 損
	4/30 次 月 繰 越
5/1 前 月 繰 越	

仕　　掛　　品　　（単位：円）

| 4/10 材　　料 |
| 4/25 材　　料 |

第4章　労務費会計

| 問題7 | 労務費会計Ⅰ ⇒ 解答P.86

　次の取引の仕訳を行い、さらに賃金手当勘定および未払費用勘定への転記と締切りをしなさい。

8月1日　賃金手当の前月末未払額は60,000円であった。

　25日　賃金手当の当月支給総額は200,000円であり、預り金20,000円を差し引き現金で支払った。

　31日　直接労務費160,000円と間接労務費50,000円を消費した。

　31日　賃金手当の当月末未払額は70,000円であった。

賃　金　手　当 （単位：円）	
8/25 預　り　金	8/1 未 払 費 用
〃 現　　　金	31 仕　掛　品
31 未 払 費 用	〃 製 造 間 接 費

未　払　費　用 （単位：円）	
8/1 賃 金 手 当	8/1 前 月 繰 越　60,000
31 次 月 繰 越	31 賃 金 手 当
	9/1 前 月 繰 越

問題8　労務費会計Ⅱ　　　　　　　　　　　　　　　　　　⇒ 解答P.87

　次の取引の仕訳を行い、さらに諸勘定への転記と賃金手当勘定および未払費用勘定の締切りをしなさい。

6月1日　作業員の前月末未払額は360,000円であった。

　25日　作業員の当月支給総額は1,600,000円であった。なお、預り金120,000円を差し引き1,480,000円を現金で支払った。

　30日　作業員の実際作業時間の内訳は次のとおりであった。

　　　　　直接作業時間　1,810時間　　間接作業時間　500時間　　手待時間　150時間
　　　　なお、消費賃率は予定消費賃率を採用し、1時間当たり640円であった。

　30日　作業員の当月末未払額は340,000円であった。なお、賃金手当勘定における貸借差額を賃率差異勘定へ振り替えた。

賃　金　手　当　　　　　　　　（単位：円）

6/25 預　り　金		6/1 未 払 費 用	
〃 現　　　金		30 仕 掛 品	
30 未 払 費 用		〃 製 造 間 接 費	
		〃 賃 率 差 異	

未　払　費　用　　　　　　　　（単位：円）

6/1 賃 金 手 当		6/1 前 月 繰 越	360,000
30 次 月 繰 越		30 賃 金 手 当	
		7/1 前 月 繰 越	

賃　率　差　異　　　　　　　　（単位：円）

6/30 賃 金 手 当			

第5章　経費会計

⇒ 解答P.89
問題9　経費会計Ⅰ

次の資料に基づき、経費の当月消費額を計算しなさい。

費　目	内　　　　容		
作 業 委 託 費	前月末未払額 3,500円	当月支払額 15,000円	当月末未払額 4,500円
保　管　料	前月末前払額 1,500円	当月支払額 9,500円	当月末前払額 1,800円
保　険　料	年　額 30,000円		
減 価 償 却 費	月割計上額 60,000円		
動 力 光 熱 費	当月支払額 3,600円	当月測定額 4,500円	
事務用消耗品費	月初棚卸高 2,400円	当月購入高 7,400円	月末棚卸高 2,900円

(1) 作 業 委 託 費 ［　　　　　］円　(2) 保　管　料 ［　　　　　］円

(3) 保　険　料 ［　　　　　］円　(4) 減 価 償 却 費 ［　　　　　］円

(5) 動 力 光 熱 費 ［　　　　　］円　(6) 事務用消耗品費 ［　　　　　］円

⇒ 解答P.89
問題10　経費会計Ⅱ

次の経費に関する取引の仕訳を行いなさい。ただし、使用する勘定科目は、下記の中から適切な科目を選択し、これ以外は使用しないこと。

　　材　料　費　仕　掛　品　未　払　金　減 価 償 却 費
　　製 造 間 接 費　修　繕　費　作 業 委 託 費

(1) 減価償却費の年間見積額は600,000円であり、月割額を製造間接費に振り替えた。

----

(2) 支払請求書により集計された当月のジャガイモに関する作業委託費は120,000円であった。

----

(3) 修繕費に計上した年間見積額は840,000円であり、月割額を製造間接費に振り替えた。

第6章　製造間接費会計

⇒ 解答P.90

問題11　製造間接費会計

製造間接費に関する〔資料〕に基づいて、諸問に答えなさい。

〔資　料〕

1．月間予算（固定予算を採用している）

(1)　計画作業面積　　　　8,000㎡

(2)　製造間接費予算　　1,004,000円

2．当月実績

(1)　製造間接費実際発生額

間接材料費	186,000円
間接労務費	510,000円
間 接 経 費	330,500円
	1,026,500円

(2)　実際作業面積　　　　7,400㎡

3．使用する勘定科目名

仕掛品・諸口・予算差異・稼動差異

問1　計画作業面積における予算額を算定しなさい。

問2　予定配賦率を算定しなさい。

問3　予定配賦額を算定しなさい。

問4　実際作業面積における予算額（予算許容額）を算定しなさい。

問5　差異分析を行い、製造間接費勘定の記入を行いなさい。

〔答案用紙〕

| 問1 | 円 | 問2 | 円／㎡ |

| 問3 | 円 | 問4 | 円 |

問5

```
                製　造　間　接　費        （単位：円）
    諸　　　口    1,026,500 │
                           │
                           │
                           │
                           │
                           │
```

問題12　公式法変動予算　　　　　　　　　　　　　　　　　⇒ 解答P.92

　製造間接費に関する〔資料〕に基づいて、諸問に答えなさい。

〔資　料〕

　1．月間予算（公式法変動予算）

　　(1)　計画作業面積　　　　　　　8,000㎡

　　(2)　製造間接費予算　　1,004,000円（うち、変動費予算：400,000円）

　2．当月実績

　　(1)　実際作業面積　　　　　　　7,850㎡

　　(2)　製造間接費実際発生額　　1,009,500円（うち、変動費実際発生額：395,500円）

　問1　予定配賦率を算定しなさい。

　問2　差異分析を行い、〔答案用紙〕に記載のある差異を算定しなさい。不利差異には、「△」を付すこと。

〔答案用紙〕

問1　　　　　　　　　　円／㎡

問2

総　　差　　異	円
変動費予算差異	円
固定費予算差異	円
稼　動　差　異	円

第 7 章　部門別計算

⇒ 解答P.93

| 問題13 | 部門別計算 |

次の資料に基づき、実際部門費集計表を作成し、さらにその仕訳を行いなさい。

1．部門個別費

費　　　　目	合　　　計	水稲部門	麦　部　門	大豆部門	野菜部門
肥　料　費	170,000円	61,000円	49,000円	42,000円	18,000円
農　薬　費	222,300円	85,000円	75,800円	34,500円	27,000円
作業委託費	140,200円	42,000円	45,200円	31,500円	21,500円

2．部門共通費

減価償却費　345,600円　　共済掛金　97,500円　　動力光熱費　29,400円

費　　　　目	配賦基準	水稲部門	麦　部　門	大豆部門	野菜部門
減価償却費	耕作面積	600㎡	450㎡	150㎡	80㎡
共　済　掛　金	機械価額	150万円	120万円	65万円	40万円
動力光熱費	運転時間	400時間	300時間	200時間	80時間

実 際 部 門 費 集 計 表　　　　　　（単位：円）

費　　　目	金　　額	水稲部門	麦　部　門	大豆部門	野菜部門
部 門 個 別 費					
肥　料　費					
農　薬　費					
作 業 委 託 費					
部 門 共 通 費					
減 価 償 却 費					
共 済 掛 金					
動 力 光 熱 費					
部 門 費 合 計					

第8章 製品別計算

問題14 単純個別原価計算 ⇒ 解答P.95

　ＯＨ農業では、実際個別原価計算を行っている。次に示した同社の資料に基づき、指示書別原価計算表と仕掛品勘定および製品勘定の（　　）内に適切な金額を記入しなさい。

〔資　料〕

1．各生産指示書に関するデータは、次のとおりである。

生産指示書	直接材料費	直接労務費	直接作業時間	備　　考
ジャガイモ	170,000円	120,000円	200時間	前期着手、当期収穫・引渡
ニンジン	123,000円	102,000円	170時間	当期着手・収穫、当期末未引渡
タマネギ	248,000円	150,000円	250時間	当期着手、当期末未収穫

2．製造間接費は、直接作業時間当たり500円で、各指示書に予定配賦している。

3．期首仕掛品（ジャガイモ）は、115,000円であった。

4．期首製品（ピーマン）は、432,000円であり、当期引渡済である。

指示書別原価計算表　　　　（単位：円）

摘　　要	ジャガイモ	ニンジン	タマネギ	合　　計
期首仕掛品原価	115,000	――	――	115,000
直 接 材 料 費	（　　　）	（　　　）	（　　　）	（　　　）
直 接 労 務 費	（　　　）	（　　　）	（　　　）	（　　　）
製 造 間 接 費	（　　　）	（　　　）	（　　　）	（　　　）
合　　計	（　　　）	（　　　）	（　　　）	（　　　）
備　　考				

仕　　掛　　品　　（単位：円）

前 期 繰 越	115,000	製　　　品	（　　　）
材　　　料	（　　　）	次 期 繰 越	（　　　）
賃 金 手 当	（　　　）		
製 造 間 接 費	（　　　）		
	（　　　）		（　　　）

製　　　　　品　　　　（単位：円）

前　期　繰　越	432,000	売　上　原　価	(		)
仕　掛　品	(	)	次　期　繰　越	(	)
	(	)		(	)

問題15　単純総合原価計算Ⅰ　　　　　　　　　　　　　　⇒ 解答P.97

　次の資料に基づき、(1)期末仕掛品原価、完成品総合原価および完成品単位原価を計算し、(2)完成品の仕訳を行い、(3)仕掛品勘定を作成しなさい。

　1．生産データ　　　　　　　　2．原価データ
　　　当 期 投 入　　20頭　　　　　当期製造費用
　　　期 末 仕 掛 品　　5頭　　　　　素 畜 費　　　50,000円
　　　完 成 品　　15頭　　　　　加 工 費　　486,000円

　3．その他の資料
　　　完成品の家畜の飼育日数は1頭当たり180日である。期末仕掛品となった家畜は、108日の飼育が終了している。期末仕掛品となった家畜の素畜費は12,500円であった。

(1)　期末仕掛品原価、完成品総合原価および完成品単位原価の計算

期末仕掛品原価　　　　　　　　完成品総合原価

素 畜 費 [　　　　] 円　　　素 畜 費 [　　　　] 円
加 工 費 [　　　　] 円　　　加 工 費 [　　　　] 円
合 計 [　　　　] 円　　　合 計 [　　　　] 円
　　　　　　　　　　　　　完成品単位原価 [　　　　] 円／頭

(2)　完成品の仕訳（単位：円）

仕		訳	
借 方 科 目	金 額	貸 方 科 目	金 額

(3)　仕掛品勘定の作成

仕　掛　品　（単位：円）

素 畜 費	製 品
加 工 費	次 期 繰 越
前 期 繰 越	

－ 23 －

問題16　単純総合原価計算Ⅱ　　　　　　　　　　　　⇒ 解答P.99

　次の資料に基づき、期末仕掛品、完成品総合原価および完成品単位原価を計算しなさい。また、仕掛品勘定の記入を行いなさい。なお、期末仕掛品原価の計算方法は先入先出法によっている。

１．生産データ

期首仕掛品	1,000頭
当期投入	11,000頭
合計	12,000頭
期末仕掛品	2,000頭
完成品	10,000頭

２．原価データ

期首仕掛品原価

素畜費	2,000,000円
加工費	12,600,000円

当期製造費用

素畜費	27,500,000円
加工費	278,100,000円

３．その他の資料

　完成品の家畜の飼育日数は1頭当たり180日である。期首仕掛品は前期において、90日の飼育が終了していた。期末仕掛品となった家畜は、72日の飼育が終了している。期末仕掛品となった家畜の素畜費は5,000,000円であった。

期末仕掛品原価

素畜費	円
加工費	円
合計	円

完成品総合原価

素畜費	円
加工費	円
合計	円

完成品単位原価　　円／頭

仕掛品　　（単位：円）

前期繰越		製品	
素畜費		次期繰越	
加工費			
前期繰越			

問題17　正常仕損の処理（終点発生）　　　　　　　　　　　⇒ 解答P.100

以下の資料に基づいて、期末仕掛品原価と完成品総合原価を算定しなさい。

１．生産データ

期 首 仕 掛 品　　800頭
当 期 投 入　1,800頭
　　　計　　　2,600頭
正 常 仕 損　　100頭
期 末 仕 掛 品　　500頭
完 　成 　品　2,000頭

２．原価データ

期首仕掛品原価

素 畜 費　　　3,600,000円
加 工 費　　　5,280,000円

当 期 製 造 費 用

素 畜 費　　　8,640,000円
加 工 費　22,440,000円

３．その他の資料

(1)　1頭を完成させるために要する飼育日数は、100日である。期首仕掛品となった家畜は60日の飼育日数が経過していた。また、期末仕掛品となった家畜は50日の飼育日数が経過していた。期末仕掛品となった家畜の素畜費は2,400,000円であった。

(2)　素畜は始点で投入される。

(3)　正常仕損は必要不可避の死廃によって生じるものである。正常仕損の処理は正常仕損度外視法によっている。正常仕損になった家畜は飼育終了時に発生するものであるため、完成品にのみ正常仕損費を負担させる。

(4)　期末仕掛品の評価方法は先入先出法によっている。

(5)　計算結果に端数が生じる場合には、円未満を四捨五入すること。

期末仕掛品原価	円
完成品総合原価	円

第8章　製品別計算　問題編

問題18　正常仕損の処理（始点発生）　　　　　　　　　　　　⇒ 解答P.101

以下の資料に基づいて、期末仕掛品原価と完成品総合原価を算定しなさい。

１．生産データ

期 首 仕 掛 品	60頭	
当 期 投 入	445頭	
計	505頭	
正 常 仕 損	5頭	
期 末 仕 掛 品	100頭	
完 成 品	400頭	

２．原価データ

期首仕掛品原価

素 畜 費　　　　　330,000円

加 工 費　　　　1,728,000円

当 期 製 造 費 用

素 畜 費　　　　2,244,000円

加 工 費　　　20,361,600円

３．その他の資料

(1)　1頭を完成させるために要する飼育日数は、120日である。期首仕掛品となった家畜は72日の飼育日数が経過していた。また、期末仕掛品となった家畜は48日の飼育日数が経過していた。期末仕掛品となった家畜の正常仕損費負担前の素畜費は504,270円（円未満四捨五入）であった。

(2)　素畜は始点で投入される。

(3)　正常仕損は必要不可避の死廃によって生じるものである。正常仕損の処理は正常仕損度外視法によっている。正常仕損になった家畜は飼育開始時点で発生するため、完成品と期末仕掛品の両者で負担する。

(4)　期末仕掛品の評価方法は先入先出法によっている。

(5)　計算結果に端数が生じる場合には、円未満を四捨五入すること。

期末仕掛品原価	円
完成品総合原価	円

問題19　育成費の計算　　　　　　　　　　　　　　⇒ 解答 P.101

次の取引の仕訳を行いなさい。

1．当期より繁殖牛の育成を開始した。当期の繁殖牛育成に要した飼料費は280,000円であり後日支払うこととした。

2．決算につき、繁殖牛の育成費用は総額540,000円であった。

3．従来から育成を行っていた繁殖牛が成熟期を迎え繁殖活動を行った。（育成仮勘定残高540,000円、当期の育成費用180,000円）

4．決算につき、減価償却費120,000円を計上した。なお、記帳方法は直接法によること。

第9章　農企業の財務諸表

問題20　財務諸表　　　　　　　　　　　　　　　　　　⇒ 解答P.102

　次の資料に基づき、損益計算書と製造原価報告書の（　　）内に適切な金額を記入しなさい。なお、当期に発生した原価差異は全額売上原価に賦課している。（単位：円）

肥　料　費

前期繰越	100,000	仕 掛 品	592,000
買 掛 金	862,000	製造間接費	240,000
		次期繰越	130,000
	962,000		962,000

種　苗　費

買 掛 金	1,000,000	仕 掛 品	1,000,000

賃　金　手　当

預 り 金	60,000	未払費用	26,000
現 　 金	546,000	仕 掛 品	282,000
未払費用	22,000	製造間接費	320,000
	628,000		628,000

仕　掛　品

前期繰越	426,000	製 　 品	2,758,000
種 苗 費	1,000,000	次期繰越	542,000
肥 料 費	592,000		
賃金手当	282,000		
製造間接費	1,000,000		
	3,300,000		3,300,000

製　造　間　接　費

肥 料 費	240,000	仕 掛 品	1,000,000
賃金手当	320,000	製造間接費差　　異	40,000
作業委託費	160,000		
減価償却費	320,000		
	1,040,000		1,040,000

製　　品

前期繰越	612,000	売上原価	2,560,000
仕 掛 品	2,758,000	次期繰越	810,000
	3,370,000		3,370,000

売　上　原　価

製 　 品	2,560,000		
製造間接費差　　異	40,000		

製 造 原 価 報 告 書　　　　　　　　（単位：円）

Ⅰ　直　接　材　料　費		（　　　　　　）
Ⅱ　直　接　労　務　費		（　　　　　　）
Ⅲ　製　造　間　接　費		
実　際　発　生　額	（　　　　　　）	
製　造　間　接　費　差　異	（　　　　　　）	（　　　　　　）
当　期　総　製　造　費　用		（　　　　　　）
期　首　仕　掛　品　棚　卸　高		（　　　　　　）
合　　　　　計		（　　　　　　）
期　末　仕　掛　品　棚　卸　高		（　　　　　　）
当　期　製　品　製　造　原　価		（　　　　　　）

損　益　計　算　書　　　　　　　　　（単位：円）

Ⅰ　売　　　上　　　高		3,900,000
Ⅱ　売　　上　　原　　価		
1．期　首　製　品　棚　卸　高	（　　　　　　）	
2．当　期　製　品　製　造　原　価	（　　　　　　）	
合　　　　　計	（　　　　　　）	
3．期　末　製　品　棚　卸　高	（　　　　　　）	
差　　　　　引	（　　　　　　）	
4．原　　価　　差　　異	（　　　　　　）	（　　　　　　）
売　　上　　総　　利　　益		（　　　　　　）
Ⅲ　販売費及び一般管理費		300,000
営　　業　　利　　益		（　　　　　　）

第10章　標準原価計算

問題21　標準原価計算①　　　　　　　　　　⇒ 解答P.103

　当社は畜産農業を営んでおり、標準原価計算を採用している。完成品原価、期末仕掛品原価、期首仕掛品原価を算定しなさい。

　1．標準原価カード（1頭当たり）

	単　価	消　費　量	原価標準
素　畜　費	1,800円／頭	1頭	1,800円
直接労務費	500円／時間	0.2時間／日×180日	18,000円
製造間接費			36,000円
			55,800円

　2．当期生産データ（素畜は始点で投入する）

期首仕掛品	20頭
当期投入	230頭
計	250頭
期末仕掛品	50頭
完成品	200頭

　3．1頭の畜産物の完成のためには180日の飼育日数を要する。期首仕掛品としての家畜は期首の段階で72日の飼育日数が経過している。また、期末仕掛品としての家畜は当期末の段階で90日の飼育日数が経過している。

〔答案用紙〕

完成品原価	円
期末仕掛品原価	円
期首仕掛品原価	円

問題22　標準原価計算②　　　　　　　　　　　　　　　　⇒ 解答 P.103

　当社は畜産農業を営んでおり、標準原価計算を採用している。直接材料費（素畜費）差異、直接労務費差異、製造間接費差異を算定しなさい。なお、不利差異の場合には（　　）内に「不利」、有利差異の場合には（　　）内に「有利」と記載しなさい。

1．標準原価カード（1頭当たり）

	単　　価	消　費　量	原 価 標 準
素　畜　費	1,800円／頭	1頭	1,800円
直接労務費	500円／時間	0.2時間／日×180日	18,000円
製造間接費			36,000円
			55,800円

2．当期生産データ（素畜は始点で投入する）

期首仕掛品	20頭
当 期 投 入	230頭
計	250頭
期末仕掛品	50頭
完 成 品	200頭

3．1頭の畜産物の完成のためには180日の飼育日数を要する。期首仕掛品としての家畜は期首の段階で72日の飼育日数が経過している。また、期末仕掛品としての家畜は当期末の段階で90日の飼育日数が経過している。

4．当期の原価実績

　　　直接材料費（素畜費）：425,500円

　　　直接労務費：3,974,260円

　　　製造間接費：7,972,800円

〔答案用紙〕

直接材料費（素畜費）差異	円（　　　　　）
直 接 労 務 費 差 異	円（　　　　　）
製 造 間 接 費 差 異	円（　　　　　）

⇒ 解答 P.104

問題23　標準原価計算③

　当社は畜産農業を営んでおり、標準原価計算を採用している。直接材料費（素畜費）差異の価格差異と数量差異を算定しなさい。なお、不利差異の場合には（　　）内に「不利」、有利差異の場合には（　　）内に「有利」と記載しなさい。

　1．標準原価カード（1頭当たり）

	単　　　価	消　費　量	原 価 標 準
素　畜　費	1,800円／頭	1頭	1,800円
直接労務費	500円／時間	0.2時間／日×180日	18,000円
製造間接費			36,000円
			55,800円

　2．当期生産データ（素畜は始点で投入する）

期 首 仕 掛 品	20頭
当 期 投 入	230頭
計	250頭
期 末 仕 掛 品	50頭
完 成 品	200頭

　3．1頭の畜産物の完成のためには180日の飼育日数を要する。期首仕掛品としての家畜は期首の段階で72日の飼育日数が経過している。また、期末仕掛品としての家畜は当期末の段階で90日の飼育日数が経過している。

　4．当期の原価実績

　　　直接材料費（素畜費）：425,500円（実際消費量：230頭）

〔答案用紙〕

価 格 差 異	円 （　　　　）
数 量 差 異	円 （　　　　）

問題24　標準原価計算④　　　　　　　　　　　　　　　　　　　⇒ 解答P.104

　当社は畜産農業を営んでおり、標準原価計算を採用している。直接労務費の賃率差異と作業時間差異を算定しなさい。なお、不利差異の場合には（　　）内に「不利」、有利差異の場合には（　　）内に「有利」と記載しなさい。

　1．標準原価カード（1頭当たり）

	単　価	消　費　量	原価標準
素　畜　費	1,800円／頭	1頭	1,800円
直接労務費	500円／時間	0.2時間／日×180日	18,000円
製造間接費			36,000円
			55,800円

　2．当期生産データ（素畜は始点で投入する）

期首仕掛品	20頭
当期投入	230頭
計	250頭
期末仕掛品	50頭
完成品	200頭

　3．1頭の畜産物の完成のためには180日の飼育日数を要する。期首仕掛品としての家畜は期首の段階で72日の飼育日数が経過している。また、期末仕掛品としての家畜は当期末の段階で90日の飼育日数が経過している。

　4．当期の原価実績

　　　直接労務費：3,974,260円（実際直接作業時間：7,900 h）

〔答案用紙〕

賃　率　差　異	円　（　　　　）
作業時間差異	円　（　　　　）

問題25　標準原価計算⑤　　　　　　　　　　　　　　　　　　⇒ 解答P.105

　10 a の農場で野菜（大根）を生産している。当該10 a の農場では、5,000本の大根が収穫される予定である。生産指示書（標準原価カード）および実際の発生コストは以下のとおりである。

　大根１本当たりの標準原価と直接材料費差異、直接労務費差異、製造間接費差異の分析を行いなさい。なお、原価差異については不利差異の場合には（　　　）内に「不利」、有利差異の場合には（　　　）内に「有利」と記載しなさい。記載の必要がない場合には「―（バー）」を記載しなさい。

　１．生産指示書（標準原価カード）

　　　　直接材料費

　　　　　　種苗費　　7,000粒÷35粒／袋×@400円／袋　　＝　　　80,000円

　　　　　　肥料費　　500kg÷15kg／袋×@300円／袋　　　＝　　　10,000円

　　　　　　農薬費　　　5 kg×@760円／kg　　　　　　　　＝　　　 3,800円

　　　　直接労務費　　65直接作業時間×@1,000円／時間　　＝　　　65,000円

　　　　製造間接費　　65直接作業時間×@1,200円／時間　　＝　　　78,000円

　　　　　　　　　　　5,000本当たり生産コスト　　　　　　　　　 236,800円

　２．実際発生額に関する資料

　　　　直接材料費

　　　　　　種苗費　　205袋×@400円／袋＝82,000円

　　　　　　肥料費　　520kg×@25円／kg　＝13,000円

　　　　　　農薬費　　　6 kg×@760円／kg＝　4,560円

　　　　直接労務費　　70直接作業時間×@1,050円／時間＝73,500円

　　　　製造間接費　　79,200円

〔答案用紙〕

大根1本当たりの標準原価	円／本

直接材料費差異		
種苗費価格差異	円	（　　　）
種苗費数量差異	円	（　　　）
肥料費価格差異	円	（　　　）
肥料費数量差異	円	（　　　）
農薬費価格差異	円	（　　　）
農薬費数量差異	円	（　　　）
直接労務費差異		
賃率差異	円	（　　　）
作業時間差異	円	（　　　）
製造間接費差異	円	（　　　）

第11章　原価・生産規模・利益関係の分析

| 問題26 | 損益分岐分析 | ⇒ 解答P.107 |

　次の資料に基づき、(1)損益分岐点の変動益および販売量、(2)希望営業利益3,000,000円を獲得するための変動益および販売量を計算しなさい。

損　益　計　算　書

Ⅰ	変　　動　　益	7,500個×@2,000円＝	15,000,000円
Ⅱ	変　　動　　費	7,500個×@1,200円＝	9,000,000円
	貢　献　利　益		6,000,000円
Ⅲ	固　　定　　費		4,000,000円
	営　業　利　益		2,000,000円

(1)　損益分岐点の変動益および販売量

変動益 [　　　　　　　　]円　　販売量 [　　　　　　　　]個

(2)　希望営業利益3,000,000円を獲得するための変動益および販売量

変動益 [　　　　　　　　]円　　販売量 [　　　　　　　　]個

問題27　原価分解（固変分解）　　　　　　　　　　　　　⇒ 解答P.108

　次の〔資料〕に基づき、勘定科目精査法によって原価分解を実施した場合の10a当たり変動費率と固定費額を答えなさい。

〔資　料〕
1. 当農園の肥料費は作付面積に比例して増減する原価であることが認識された。当期の肥料費は800,000円であった。
2. 当農園の作業員に対する労務費はすべて作付面積に比例して増減する原価であることが認識された。当期の労務費は900,000円であった。
3. 農業機械減価償却費は年間1,000,000円である。この農業機械減価償却費は作付面積に関係なく毎期一定額発生する原価である。
4. 電力料は、基本使用料金と作付面積に応じて変動する原価に分類されることになる。当期の電力料総額は1,100,000円であり、そのうち年間基本使用料金は300,000円であった。
5. 農具費は年間400,000円発生するものであり、作付面積に関係なく毎期一定額発生するものである。
6. 当期の作付面積は200aであった。

〔答案用紙〕

変動費率	円／10a	固定費額	円

第12章　直接原価計算

| 問題28 | 直接原価計算 | ⇒ 解答P.109 |

　畜産農業を営む当社の資料に基づき、全部原価計算方式および直接原価計算方式によった場合の損益計算書を作成しなさい。なお、期末仕掛品原価の計算方法は先入先出法によること。

〔資　料〕

1．生産・販売データ

期 首 仕 掛 品	80頭	期 首 製 品	0頭
当 期 投 入	570頭	当 期 完 成 品	600頭
合　　　計	650頭	合　　　計	600頭
期 末 仕 掛 品	50頭	期 末 製 品	0頭
当 期 完 成 品	600頭	当 期 販 売 品	600頭

　　完成品の家畜の飼育日数は250日であった。期首仕掛品となった家畜は150日の飼育日数が経過しており、期末仕掛品となった家畜は50日の飼育日数が経過している。また、期末仕掛品となった家畜の素畜費は、275,000円であった。

2．製造原価データ

	期首仕掛品原価	当 期 製 造 費 用
素　畜　費	432,000円	3,135,000円
変動加工費	288,000円	3,512,500円
固定加工費	264,000円	2,810,000円

3．販売費および一般管理費

　　販　売　費　　3,062,400円（すべて固定費である）

　　一般管理費　　2,217,600円（すべて固定費である）

4．1頭当たりの販売価格は27,150円であった。

〔答案用紙〕

全部原価計算方式の損益計算書　　　　　（単位：円）

I　売　　上　　高　　　　　　　　　　　　（　　　　　　）

II　売　上　原　価

　1. 期 首 製 品 棚 卸 高　　　（　　　　　　）

　2. 当 期 製 品 製 造 原 価　　　（　　　　　　）

　　　合　　　　計　　　（　　　　　　）

　3. 期 末 製 品 棚 卸 高　　　（　　　　　　）　　（　　　　　　）

　　　売 上 総 利 益　　　　　　　　　　　（　　　　　　）

III　販売費および一般管理費

　1. 販　　売　　費　　　（　　　　　　）

　2. 一 般 管 理 費　　　（　　　　　　）　　（　　　　　　）

　　　営 業 利 益　　　　　　　　　　　（　　　　　　）

直接原価計算方式の損益計算書　　　　　（単位：円）

I　変　　動　　益　　　　　　　　　　　　（　　　　　　）

II　変 動 売 上 原 価

　1. 期 首 製 品 棚 卸 高　　　（　　　　　　）

　2. 当 期 製 品 製 造 原 価　　　（　　　　　　）

　　　合　　　　計　　　（　　　　　　）

　3. 期 末 製 品 棚 卸 高　　　（　　　　　　）　　（　　　　　　）

　　　限 界 利 益　　　　　　　　　　　（　　　　　　）

III　固　　定　　費

　1. 固　　定　　費　　　（　　　　　　）

　2. 販　　売　　費　　　（　　　　　　）

　3. 一 般 管 理 費　　　（　　　　　　）　　（　　　　　　）

　　　営 業 利 益　　　　　　　　　　　（　　　　　　）

第2編　財務会計編

第2章　伝票会計

問題29　伝票から総勘定元帳への転記　　　　　　　　　⇒ 解答P.111

次の入金伝票、出金伝票、振替伝票より各勘定口座へ転記しなさい。

No.1001
入　金　伝　票
××年1月8日
水稲売上高　　400,000

No.3001
振　替　伝　票
××年1月14日
肥　料　費　50,000　買　掛　金　50,000

No.2001
出　金　伝　票
××年1月21日
肥　料　費　　30,000

No.3002
振　替　伝　票
××年1月31日
器具備品　100,000　未　払　金　100,000

現　　金　　　　1

日　付	摘　　要	仕丁	借　方	貸　方	借/貸	残　高

器　具　備　品　　　10

日　付	摘　　要	仕丁	借　方	貸　方	借/貸	残　高

買　掛　金　　　22

日　付	摘　　要	仕丁	借　方	貸　方	借/貸	残　高

未　払　金　　　　　　　　　　　　　　25

日　付	摘　　　　　要	仕丁	借　　　方	貸　　　方	借/貸	残　　　高

水　稲　売　上　高　　　　　　　　41

日　付	摘　　　　　要	仕丁	借　　　方	貸　　　方	借/貸	残　　　高

肥　料　費　　　　　　　　　　　　51

日　付	摘　　　　　要	仕丁	借　　　方	貸　　　方	借/貸	残　　　高

第3章　固定資産・繰延資産

問題30　減価償却費　　　　　　　　　　　　　　　　　　　⇒ 解答P.112

　当期末において保有している固定資産の明細は以下のとおりであり、すべて期首から継続して所有、使用している。各資産の当期の減価償却費を税法の規定による方法で計算しなさい。

種　　　類	取得価額	耐用年数	償却方法	償却率	期 首 減 価 償却累計額
建　　　物	3,000,000円	40	旧定額法*	0.025	1,350,000円
構　築　物	2,200,000円	25	定額法	0.040	880,000円
機 械 装 置	2,000,000円	9	定率法	0.226	452,000円
車両運搬具	1,000,000円	6	250％定率法	0.417	417,000円
器 具 備 品	800,000円	5	200％定率法	0.400	512,000円

＊　残存価額は取得価額の10％とする。

(1)　建　　　物	(2)　構　築　物	(3)　機 械 装 置
円	円	円

(4)　車両運搬具	(5)　器 具 備 品
円	円

問題31　建設仮勘定　　　　　　　　　　　　　　　　　　⇒ 解答 P.113

次の連続取引の仕訳を行いなさい。（決算年1回　12月31日）

(1) 4月1日に建物の建設を依頼し、契約代金10,000,000円の一部4,000,000円を手付金として、小切手を振り出して支払った。

----

(2) 10月1日に上記建物が完成し、引渡しを受け、同日に使用を開始した。なお、残金は小切手を振り出して支払った。

----

(3) 12月31日、決算につき上記建物を定額法（耐用年数25年、償却率0.040）により減価償却を行った。なお、①直接法および②間接法で行うこと。

① 直接法

----

② 間接法

問題32　生物・育成仮勘定　　　　　　　　　　　　　　　　⇒ 解答 P.113

　次の取引の仕訳を行いなさい。

1．当期より繁殖牛の育成を開始した。当期の繁殖牛育成に要した飼料費は280,000円であり後日支払うこととした。

2．決算につき、繁殖牛の育成費用は総額540,000円であった。

3．従来から育成を行っていた繁殖牛が成熟期を迎え、繁殖活動を行った。（育成仮勘定残高540,000円、当期の育成費用180,000円）

4．決算につき、減価償却費120,000円を計上した。なお、記帳方法は直接法によること。

問題33　ファイナンス・リース取引の判定　　　　　　　　　　⇒ 解答P.114

　次の資料に基づいて、リース取引を分類しなさい。なお、いずれも解約不能リース取引である。また、計算上生じる端数は円未満四捨五入すること。

１．リース物件の内訳

リース物件	リース期間	経済的耐用年数	利　率	年間リース料	見積現金購入価額
備品甲	5年	6年	3％	500,000円	2,375,000円
備品乙	3年	5年	5％	100,000円	415,000円
備品丙	4年	6年	4％	240,000円	916,000円

２．いずれの契約も当期首にリース取引を開始したものであり、リース料は毎期末に1年分を支払う。

３．リース料総額の割引現在価値が見積現金購入価額の90％以上であるか、リース期間が経済的耐用年数の75％以上である場合には、ファイナンス・リース取引と判定する。

４．備品甲は、リース期間終了後において所有権が借手に移転する契約であるが、その他の契約は、所有権が移転しない契約である。

　　⑴　所有権移転ファイナンス・リース取引　　　＿＿＿＿＿＿＿＿＿＿＿＿

　　⑵　所有権移転外ファイナンス・リース取引　　＿＿＿＿＿＿＿＿＿＿＿＿

　　⑶　オペレーティング・リース取引　　　　　　＿＿＿＿＿＿＿＿＿＿＿＿

問題34　借手の会計処理　　　　　　　　　　　　　　　　　　⇒ 解答P.116

　次の所有権移転ファイナンス・リース取引に関する資料に基づいて、(1)借手における
リース債務の返済スケジュールを作成し、(2)X1年度における借手の仕訳を行いなさい。な
お、計算上生じる端数は円未満四捨五入し、過不足は最終年度の利息で調整すること。
（決算年１回　３月31日）
　　１．解約不能のリース期間：５年
　　２．リース取引開始日：X1年４月１日
　　３．リース料：年額　18,000円（各年度末に１年分を現金で支払う）
　　　　　　　　　総額　90,000円
　　４．リース物件の取得原価相当額：80,000円
　　５．利率：年4.059％（利息相当額の総額は利息法により各期に配分する）
　　６．リース物件の経済的耐用年数：５年
　　７．減価償却方法：定額法（償却率0.2）
(1)　リース債務の返済スケジュール

（単位：円）

| 支　払　日 | 期首元本 | 支　　払　　額 | | | 期末元本 |
		元本償還額	利息相当額	合　計　額	
X2. 3 .31					
X3. 3 .31					
X4. 3 .31					
X5. 3 .31					
X6. 3 .31					———
合　　　計	———				———

(2)　借手側の仕訳
　　①　リース取引開始時（X1年４月１日）

-----

　　②　リース料支払時（X2年３月31日）

-----

　　③　決算時（X2年３月31日）

問題35　オペレーティング・リース取引　　　　　　　　　　⇒ 解答P.117

　次のオペレーティング・リース取引に関する資料に基づいて、借手における①リース取引開始日、②第1回リース料支払時の仕訳を行いなさい。ただし、仕訳が不要な場合は、仕訳不要と記入すること。　　　　　　　　　　　　　　　（決算年1回　3月31日）

　1．解約不能のリース期間：5年
　2．リース取引開始日：X1年4月1日
　3．リース料：年額　18,000円（各年度末に1年分を現金で受払い）
　　　　　　　　総額　90,000円

借手の仕訳

①　リース取引開始日（X1年4月1日）

- -

②　リース料支払時（X2年3月31日）

- -

問題36　無形固定資産　　　　　　　　　　　　　　　　　　⇒ 解答P.118

　次の取引の仕訳を行いなさい。

(1)　当期首に商標権を30,000,000円で取得し、小切手を振り出して支払った。

- -

(2)　決算にあたり、商標権の償却を10年の定額法により行う。（決算年1回　3月31日）

- -

⇒ 解答P.118

問題37　繰延資産

次の取引の仕訳を行いなさい。

(1) 会社成立後、営業開始までに必要な支出として100,000円を小切手を振り出して支払った。

- -

(2) 決算にあたり、上記(1)の繰延資産について5年の月割償却を行った。なお、決算まで12カ月経過している。

- -

(3) 会社の開業準備のために広告宣伝を行い、そのための費用240,000円を支払い、繰延資産として計上していたが、決算にあたり、繰延資産について5年の月割償却を行った。なお、決算まで4カ月経過している。

- -

(4) 当期首に市場の開拓の目的のために特別に800,000円を小切手を振り出して支払った。

- -

(5) 決算にあたり、上記(4)の繰延資産について5年の月割償却を行った。

- -

問題38　固定資産の売却　　　　　　　　　　　　　　⇒ 解答P.119

次の取引の仕訳を行いなさい。

(1)　X1年 4 月 1 日に700,000円で購入していた車両運搬具を、X5年 6 月30日に300,000円で売却し、現金を受け取った。ただし、減価償却費は定額法（償却率0.125）により計算し、記帳方法は間接法とする。（決算年 1 回　 3 月31日）

----

(2)　X1年 4 月 5 日に購入した器具備品（取得原価2,000,000円、償却率0.125、定額法、間接法）をX3年 4 月 3 日に1,200,000円で売却し、手取金は月末受取りの約束とした。なお、会計期間は 1 年で、決算日は 3 月31日である。また、X3年 4 月分の減価償却費は計上しないこととする。

問題39　固定資産の買換え　　　　　　　　　　　⇒ 解答P.120

次の取引の仕訳を行いなさい。

(1)　X7年6月30日に横浜商店に対し旧器具備品（取得原価1,600,000円、減価償却累計額640,000円、当期減価償却費160,000円）を売却し、代わりに同店から新型の器具備品（購入価額4,000,000円）を購入した。なお、旧器具備品の売却代金は500,000円であり、購入価額との差額は現金で支払った。（決算年1回　12月31日）

(2)　X4年10月1日にそれまで使用していた営業用自動車（取得原価1,000,000円、償却率0.2、償却方法：定額法、記帳方法：間接法、取得日X1年10月1日）を300,000円で下取りさせて頭金に充当し、新しい営業用自動車（購入価額1,500,000円）を購入した。購入価額と下取価額との差額は、毎月末に120,000円ずつ分割で支払うことにした。

（決算年1回　9月30日）

問題40　固定資産の廃棄　　　　　　　　　　　　　　　　　　　⇒ 解答P.121

次の取引の仕訳を行いなさい。

(1)　X5年9月30日に車両運搬具1,250,000円（X1年4月1日取得、償却率0.125、定額法、記帳方法：間接法）を廃棄した。（決算年1回　3月31日）

----

(2)　X7年7月1日に機械装置3,000,000円（X3年7月1日取得、償却率0.2、定額法、記帳方法：間接法）を廃棄した。（決算年1回　6月30日）

　　問題41　　固定資産の除却　　　　　　　　　　　　　　　　　　⇒ 解答 P.122

　次の取引の仕訳を行いなさい。

(1)　X5年 9 月30日に車両運搬具1,250,000円（X1年 4 月 1 日取得、償却率0.125、定額法、記帳方法：間接法）を除却した。なお、処分可能価額は200,000円であり貯蔵品勘定に記帳する。（決算年 1 回　 3 月31日）

----

(2)　X7年 7 月 1 日に機械装置5,000,000円（X3年 7 月 1 日取得、償却率0.2、定額法、記帳方法：間接法）を除却した。なお、処分可能価額は500,000円であり貯蔵品勘定に記帳する。（決算年 1 回　 6 月30日）

　　問題42　　固定資産の滅失 I　　　　　　　　　　　　　　　　　　⇒ 解答 P.123

　次の資料により仕訳を行いなさい。（決算年 1 回　 3 月31日）

　X5年 7 月31日に倉庫より出火し、全焼した。なお、同倉庫には保険契約を付していない。

　取得原価2,700,000円、期首減価償却累計額1,080,000円、償却率0.05、

　償却方法：定額法、記帳方法：間接法

問題43　固定資産の滅失Ⅱ　　　　　　　　　　⇒ 解答P.123

次の連続した取引の仕訳を行いなさい。（決算年1回　3月31日）

(1)　X5年12月31日

火災が発生し、倉庫が全焼した。この倉庫に対しては、保険会社と火災保険契約3,000,000円を結んでいたため、ただちに保険金の支払いを請求した。

取得原価4,000,000円、期首減価償却累計額1,600,000円、償却率0.05、

償却方法：定額法、記帳方法：間接法

----

(2)　X6年2月15日

保険会社より、査定の結果、2,000,000円の保険金を支払う旨の通知があった。

問題44　固定資産の滅失Ⅲ　　　　　　　　　　⇒ 解答P.123

(1)　営業所に火災が発生し、建物（取得原価7,000,000円、減価償却累計額3,920,000円）が焼失した。ただし、この建物には、保険会社と火災保険契約5,000,000円を結んでいたため、ただちに保険金の支払いを請求した。

----

(2)　倉庫から出火し、建物（取得原価5,000,000円、減価償却累計額2,000,000円）を焼失した。この建物には、保険会社と火災保険契約4,000,000円を結んでいたため、ただちに保険金の支払いを請求するとともに、未決算勘定で処理していたが、本日、査定の結果、2,400,000円の保険金を月末に支払う旨の連絡があった。

⇒ 解答P.124

問題45　生物の売却

次の取引の仕訳を行いなさい。（決算年1回　3月31日）

当期9月30日に搾乳牛を340,000円で売却し、現金を受け取った。なお、当該搾乳牛の取得原価は600,000円、期首時点における減価償却累計額は240,000円である。減価償却は耐用年数4年の定額法（償却率：0.250）、記帳方法は直接法とする。

問題46　圧縮記帳

⇒ 解答P.124

次の取引について、㈑直接減額方式と㈐積立金方式による場合の仕訳を行いなさい。

⑴　機械装置を取得するため800,000円の国庫補助金の交付を受け、普通預金に預け入れた。

⑵　上記補助金を充当して機械装置1,800,000円を購入し、代金は普通預金より支払った。なお、当該機械装置について圧縮記帳を行う。

㈑　直接減額方式による場合

　⑴

　⑵

㈐　積立金方式による場合

　⑴

　⑵

第4章　引当金・準備金

問題47　貸倒損失　　　　　　　　　　　　　　　　　　　　⇒ 解答P.125

次の取引の仕訳を行いなさい。

当期に発生した売掛金450,000円が貸倒れとなった。

問題48　貸倒引当金の計上　　　　　　　　　　　　　　　　⇒ 解答P.125

次の資料に基づいて、①差額補充法および②洗替法による決算整理仕訳を行いなさい。

（決算年1回　3月31日）

(1)　決算整理前残高試算表

決算整理前残高試算表
X2年3月31日　　　　　　　　　　（単位：円）

受　取　手　形	200,000	貸　倒　引　当　金	3,000
売　　掛　　金	300,000		

(2)　期末売上債権残高に対し、実績法により2％の貸倒引当金を設定する。

①　差額補充法

---

②　洗替法

問題49　貸倒引当金の取崩し　　　　　　　　　　　　　　　⇒ 解答P.125

次の取引の仕訳を行いなさい。

(1)　得意先が倒産したため、同社に対する売掛金500,000円を貸倒れとして処理した。な
　　お、貸倒引当金勘定の残高が600,000円あった。

---

(2)　得意先が倒産し、売掛金800,000円が貸倒れとなった。なお、当期に繰り越された貸
　　倒引当金勘定の残高は650,000円であった。

問題50　退職給付引当金　　　　　　　　　　　　　　　　　⇒ 解答P.125

次の取引の仕訳を行いなさい。

(1)　従業員に対する退職金支払制度を新設し、当期負担分300,000円を見積り計上した。

---

(2)　従業員の退職時に支払う退職金に備えて、退職給付引当金を計上する。当期の退職給
　　付費用は5,000,000円である。

---

(3)　従業員甲氏が退職し、退職金1,000,000円を現金で支払った。ただし、この従業員に
　　対する退職給付引当金として、970,000円設定してある。

問題51　農業経営基盤強化準備金　　　　　　　　　　　⇒ 解答P.126

次の取引の仕訳を行いなさい。

１．経営所得安定対策による交付金2,000,000円が普通預金口座に入金された。

２．農業経営基盤強化準備金として、2,000,000円を繰り入れた。

３．積み立ててあった農業経営基盤強化準備金5,000,000円のうち、コンバインを購入するために3,500,000円を取り崩した。

４．コンバインを6,000,000円で購入し、代金は普通預金から支払った。

５．所有するコンバインにつき、6,000,000円の圧縮記帳を行う。（損金経理方式）

第5章　株式会社

問題52　株式会社の設立　　　　　　　　　　　　　　⇒ 解答P.127

　次の取引の仕訳を行いなさい。

(1)　大原株式会社は、会社設立に際し、株式150株を1株当たり70,000円で発行し、全額
　　払込みがあり当座預金とした。なお、株式の発行費用150,000円は、小切手を振り出し
　　て支払った。ただし、資本金計上額は①会社法規定の原則額とした場合と②会社法規定
　　の最低金額とした場合のそれぞれで示しなさい。

　　①　資本金計上額を会社法規定の原則額とした場合

----

　　②　資本金計上額を会社法規定の最低金額とした場合

----

(2)　決算に際し、上記繰延資産について5年の月割償却を行った。なお、株式を発行して
　　から決算まで12カ月経過している。

問題53　株式会社の増資　　　　　　　　　　　　　　　⇒ 解答 P.128

次の取引の仕訳を行いなさい。

(1)　大原株式会社は、当期首に増資のため、株式100株を1株当たり100,000円で発行し、全額払込みがあり当座預金とした。なお、株式の発行費用120,000円は、現金で支払った。ただし、資本金計上額は①会社法規定の原則額とした場合と②会社法規定の最低金額とした場合のそれぞれで示しなさい。

　　①　資本金計上額を会社法規定の原則額とした場合

----

　　②　資本金計上額を会社法規定の最低金額とした場合

----

(2)　決算に際し、上記繰延資産について3年の月割償却を行った。

問題54　新株の発行　　　　　　　　　　　　　　　　　⇒ 解答 P.128

次の取引の仕訳を行いなさい。

(1)　大原株式会社は、取締役会の決議により株式200株を1株当たり80,000円で募集し、申込期日までに全額が申し込まれ、全額を株式申込証拠金として受け入れ別段預金とした。

----

(2)　同社は、払込期日に上記の申込証拠金を資本金に振り替え、同時に別段預金を当座預金に預け替えた。なお、資本金計上額は会社法規定の最低金額とする。

問題55　剰余金の配当等Ⅰ　　　　　　　　　　　　　　　⇒ 解答P.129

次の取引の仕訳を行いなさい。（決算年1回　12月31日）

X1年12月31日　決算の結果、当期純利益1,000,000円を計上した。

X2年3月15日　株主総会において、繰越利益剰余金を財源とした剰余金の配当等が次の
　　　　　　　とおり確定した。

　　　　配　当　金　500,000円
　　　　利益準備金　会社法が規定する積立額
　　　　別途積立金　200,000円

問題56　剰余金の配当等Ⅱ　　　　　　　　　　　　　⇒ 解答 P.129

次の取引の仕訳および勘定記入を行いなさい。（決算年 1 回　3 月31日）

X1年 6 月28日　株主総会において繰越利益剰余金500,000円について、次のとおり剰余金の配当等が確定した。

　　　　利益準備金　会社法が規定する積立額

　　　　配　当　金　300,000円

　　　　別途積立金　 50,000円

X1年 7 月15日　配当金を小切手を振り出して支払った。

X2年 3 月31日　決算の結果、当期純利益700,000円を計上した。

繰越利益剰余金

3 /31 次 期 繰 越	500,000	3 /31 損　　　益	500,000
		4 / 1 前 期 繰 越	500,000

⇒ 解答 P.130

| 問題57 | 剰余金の配当等Ⅲ |

次の取引の仕訳を行いなさい。

株主総会において、繰越利益剰余金18,000,000円につき、次のとおり剰余金の配当等が確定した。なお、当社における資本金、資本準備金および利益準備金は、それぞれ40,000,000円、7,000,000円および2,200,000円である。

　　配　当　金　10,000,000円
　　利益準備金　会社法が規定する積立額
　　新築積立金　5,000,000円

⇒ 解答 P.130

| 問題58 | 剰余金の配当等Ⅳ |

次の取引の仕訳を行いなさい。（決算年1回　3月31日）
X1年3月31日　決算の結果、当期純損失200,000円を計上した。

X1年6月20日　株主総会において、繰越利益剰余金の処理が次のとおり決定した。
　　　　　　　別途積立金　100,000円
　　　　　　　新築積立金　　80,000円

⇒ 解答P.130

問題59　法人税等

次の連続取引の仕訳および勘定記入を行いなさい。なお、勘定記入は相手科目と金額のみ記入すること。（決算年1回　3月31日）

(1)　法人税等の中間申告を行い、税額900,000円を小切手を振り出して納付した。

----

(2)　決算に際し、当期の法人税等が2,050,000円と確定した。

----

(3)　(2)で計上した法人税等を損益勘定に振り替え締め切った。

----

(4)　確定申告納付につき、小切手を振り出して支払った。

仮　払　法　人　税　等

未　払　法　人　税　等

法　人　税　等

第6章　農事組合法人

| 問題60 | 剰余金の配当（農事組合法人） | ⇒ 解答P.131

　次の取引の仕訳を行いなさい。（決算年1回　12月31日）

１．大原農事組合法人は、X1年3月31日において、従事分量配当として3,000,000円の現金仮払いを行った。

２．X1年6月25日の総会において、繰越利益剰余金を財源とした剰余金の配当等が次のとおり決定した。

    従事分量配当金　3,000,000円

    利　益　準　備　金　300,000円

    農業経営基盤強化
    準　　　備　　　金　500,000円

第7章　その他の取引

問題61　交付金・補填金　　　　　　　　　　　　　⇒ 解答P.132

　次の取引の仕訳を行いなさい。

1．経営安定対策制度の掛金として、50,000円を普通預金口座より支払った。

2．農産物の価格補填金として300,000円が普通預金口座へ振り込まれた。

3．配合飼料価格差補填金として400,000円が普通預金口座へ振り込まれた。

4．作付助成収入として500,000円が普通預金口座へ振り込まれた。

⇒ 解答P.132

問題62　消費税

次の連続取引の仕訳を、税抜方式により行いなさい。なお、消費税の税率は10%とする。

(1)　X1年4月1日に肥料を110,000円（税込）で掛で購入した。

----

(2)　X1年9月10日に製品を275,000円（税込）で掛で売り上げた。

----

(3)　X1年12月31日の決算において、納付税額が15,000円と算出された。

第8章 決算

問題63 損益計算書・貸借対照表 ⇒ 解答 P.133

以下の資料〔Ⅰ〕、〔Ⅱ〕に基づいて、損益計算書、貸借対照表を作成しなさい。会計期間はX5年4月1日よりX6年3月31日までとする。なお、当社は原価計算制度を採用していない。

〔Ⅰ〕 決算整理前残高試算表

残 高 試 算 表
X6年3月31日 （単位：円）

借 方	勘 定 科 目	貸 方
9,000	現　　　　　金	
8,800	普 通 預 金	
18,000	売 掛 金	
7,000	製　　　　　品	
3,000	原 材 料	
5,000	仕 掛 品	
150,000	建　　　　　物	
10,000	器 具 備 品	
100,000	土　　　　　地	
50,000	建 設 仮 勘 定	
	買 掛 金	14,000
	短 期 借 入 金	20,000
	仮 受 金	3,000
	退職給付引当金	11,500
	貸 倒 引 当 金	100
	建物減価償却累計額	37,500
	器具備品減価償却累計額	2,000
	資 本 金	150,000
	資 本 準 備 金	10,000
	利 益 準 備 金	20,000
	別 途 積 立 金	69,000
	繰越利益剰余金	4,000
	売　　　　　上	200,000
	受 取 地 代	3,000
30,000	種 苗 費	
50,000	農 薬 費	
52,000	肥 料 費	
42,900	賃 金 手 当	
7,000	保 険 料	
400	支 払 利 息	
1,000	固定資産売却損	
544,100		544,100

〔Ⅱ〕 決算整理事項等は以下のとおりである。

(1) 仮受金は、売掛金3,000円の回収分であることが判明した。

(2) 建設仮勘定はすべて建物の新築に関するものである。この建物はX5年10月1日の完成にともない引渡しが完了し、同日より使用に供されていたが、この取引が未処理であった。

(3) 売掛金の期末残高に対して、洗替法により3％の貸倒引当金を設定する。

(4) 退職給付引当金に当期負担分4,300円を繰り入れる。

(5) 製品、原材料、仕掛品の期末棚卸高はそれぞれ、7,200円、3,400円、5,500円である。

(6) 建物に対して定額法により減価償却を行う（耐用年数20年、償却率0.05）。なお、新規に取得した建物については、月割計算する。

(7) 器具備品に対して定率法（償却率0.200）により減価償却を行う。

(8) 保険料の前払分は1,000円であった。

(9) 受取地代の前受分は600円であった。

(10) 税引前当期純利益の50％相当額を法人税等として計上する。

損　益　計　算　書

○○株式会社　　　　　自X5年4月1日　至X6年3月31日　　　　　（単位：円）

I　売　　上　　高　　　　　　　　　　　　　　　　　　　200,000

II　売　上　原　価

　1.期首製品棚卸高　　　　　　　（　　　　　）

　2.当期製品製造原価^(注)　　　　（　　　　　）

　　　合　　　　　計　　　　　　（　　　　　）

　3.期末製品棚卸高　　　　　　　（　　　　　）　　　（　　　　　）

　　　売　上　総　利　益　　　　　　　　　　　　　　（　　　　　）

III　販売費及び一般管理費

　1.保　　険　　料　　　　　　　（　　　　　）

　2.貸倒引当金繰入　　　　　　　（　　　　　）

　3.退職給付費用　　　　　　　　（　　　　　）

　4.（　　　　　　　　　）　　　（　　　　　）　　　（　　　　　）

　　　営　業　利　益　　　　　　　　　　　　　　　　（　　　　　）

IV　営　業　外　収　益

　1.受　取　地　代　　　　　　　　　　　　　　　　　（　　　　　）

V　営　業　外　費　用

　1.支　払　利　息　　　　　　　　　　　　　　　　　　　400

　　　経　常　利　益　　　　　　　　　　　　　　　　（　　　　　）

VI　特　別　利　益

　1.貸倒引当金戻入　　　　　　　　　　　　　　　　　（　　　　　）

VII　特　別　損　失

　1.固定資産売却損　　　　　　　　　　　　　　　　　　1,000

　　　税引前当期純利益　　　　　　　　　　　　　　　（　　　　　）

　　　法　人　税　等　　　　　　　　　　　　　　　　（　　　　　）

　　　当　期　純　利　益　　　　　　　　　　　　　　（　　　　　）

（注）　種苗費、農薬費、肥料費、賃金手当を当期製品製造原価の計算に含めること。

貸 借 対 照 表

〇〇株式会社　　　　　　　X6年3月31日現在　　　　　　　（単位：円）

資 産 の 部			負 債 の 部	
Ⅰ 流 動 資 産			Ⅰ 流 動 負 債	
1．現 金 預 金		（　　　）	1．買　掛　金	14,000
2．売　掛　金	（　　　）		2．短 期 借 入 金	20,000
貸 倒 引 当 金	（　　　）	（　　　）	3．未払法人税等	（　　　）
3．（　　　　）		（　　　）	4．前 受 収 益	（　　　）
4．（　　　　）		（　　　）	流 動 負 債 合 計	（　　　）
5．（　　　　）		（　　　）	Ⅱ 固 定 負 債	
6．（　　　　）		（　　　）	1．（　　　　）	（　　　）
流 動 資 産 合 計		（　　　）	固 定 負 債 合 計	（　　　）
Ⅱ 固 定 資 産			負 債 合 計	（　　　）
1．建　　　物	（　　　）		純 資 産 の 部	
減価償却累計額	（　　　）	（　　　）	Ⅰ 株 主 資 本	
2．器 具 備 品	（　　　）		1．資　本　金	150,000
減価償却累計額	（　　　）	（　　　）	2．資 本 剰 余 金	
3．土　　　地	100,000		(1)資 本 準 備 金 10,000	
固 定 資 産 合 計		（　　　）	資本剰余金合計	10,000
			3．利 益 剰 余 金	
			(1)利 益 準 備 金 20,000	
			(2)その他利益剰余金	
			別 途 積 立 金 69,000	
			繰越利益剰余金 （　　　）	
			利益剰余金合計	（　　　）
			純 資 産 合 計	（　　　）
資 産 合 計		（　　　）	負債・純資産合計	（　　　）

問題64　株主資本等変動計算書　　　　　　　　　　　　　　　　⇒ 解答P.136

　次の資料に基づいて、剰余金の配当等の仕訳、当期純利益の振替えの仕訳を行い、大原株式会社の株主資本等変動計算書を作成しなさい。（決算年1回　3月31日）

(1)　大原株式会社は、X2年6月20日の株主総会で、繰越利益剰余金を財源とした剰余金の配当等を次のとおり決定した。

　　　　配　当　金　　　320,000円　　　　　　利益準備金　　　会社法規定の積立額
　　　　新築積立金　　　 56,000円　　　　　　別途積立金　　　　64,000円

(2)　大原株式会社は、X3年3月31日において、656,000円の純利益を計上した。

　　剰余金の配当等

　　当期純利益の振替え

株主資本等変動計算書

大原株式会社　　　　　　　　自X2年4月1日　至X3年3月31日　　　　　　（単位：円）

	株主資本						
	資本金	資本剰余金	利益剰余金				株主資本合計
		資本準備金	利益準備金	その他利益剰余金			
				新築積立金	別途積立金	繰越利益剰余金	
当期首残高	8,000,000	960,000	800,000	720,000	400,000	608,000	11,488,000
当期変動額							
剰余金の配当							
新築積立金の積立							
別途積立金の積立							
当期純利益							
当期変動額合計							
当期末残高							

問題65　剩余金処分案　　　　　　　　　　　　　　　　　⇒ 解答P.137

次の資料に基づいて、剩余金処分案を作成しなさい。

X1年2月25日の総会において、繰越利益剰余金を財源とした剩余金の配当等が次のとおり決定している。なお、当期剩余金は10,000,000円であり、前期繰越剩余金は0円であった。

事業分量配当金	500,000円	利 益 準 備 金	1,000,000円
従事分量配当金	4,500,000円	農業経営基盤強化準 備 金	2,000,000円
出 資 配 当 金	600,000円		

剩　余　金　処　分　案

大原農事組合法人

自　X1年1月1日
至　X1年12月31日　　　　　　　　（単位：円）

【当期未処分剩余金】
　当 期 剩 余 金　　　　　　　　　　　　　（　　　　　）
　前期繰越剩余金　　　　　　　　　　　　　　　　　0
　　　　　　　　　　　　　　　　　　　　　　　　　　　（　　　　　）

【剩余金処分額】
　利 益 準 備 金　　　　　　　　　　　　　（　　　　　）
　任 意 積 立 金
　　農業経営基盤強化準備金　（　　　　　）
　　　　　　　　　　　　　　　　　　　　　　（　　　　　）
　配　　当　　金
　　事業分量配当金　　　（　　　　　）
　　従事分量配当金　　　（　　　　　）
　　出 資 配 当 金　　　（　　　　　）（　　　　　）（　　　　　）
【次期繰越剩余金】　　　　　　　　　　　　　　　　　　　　（　　　　　）

第9章　収入保険

⇒ 解答P.138

問題66 　収入保険

　オオハラ農業株式会社（以下、当社）では、この度、新品目の農作物導入を決定したことに伴い、収入保険に加入することとした。次の一連の取引の仕訳を行いなさい。

1．当社は、第14期中に、保険料117,000円、積立金337,500円、事務費33,000円、合計487,500円について、小切手を振り出して支払った。なお、支払時には、保険料については共済掛金勘定を、また、事務費については事務通信費勘定を、それぞれ用いて処理する。

2．本日、当社の第14期の期末（決算日）である。よって、上記1.で計上した共済掛金及び事務通信費を、前払費用勘定に振り替えた。

3．本日、当社の第15期の期首である。よって、上記2.に関する再振替仕訳を行った。

4．当社の第15期につき、基準収入に対して30％の減収となった。そこで、収入保険の保険金等の受領見込額を見積計算したところ、その額は2,362,500円（内訳：収入保険の保険金1,350,000円、国庫補助相当分の特約補填金1,012,500円）となった。

5．本日、収入保険の保険金等の請求手続を行った。

6．本日、収入保険の保険金等2,362,500円（内訳：収入保険の保険金1,350,000円、国庫補助相当分の特約補填金1,012,500円）及び 経営保険積立金の払戻金337,500円が、当社の当座預金口座に入金となった。

解 答 編

第1編　原価計算編

第1章　農業簿記の基礎

| 問題1 | 原価の分類

総　　原　　価														
製 造 原 価					販　売　費					一般管理費				
1	6	9	11	14	3	5	7	10	15	2	4	8	12	13

第２章　農業簿記の記帳体系

問題２　個別原価計算の記帳体系

(1)	（肥　料　費）	100,000	（買　掛　金）	100,000
(2)	（仕　掛　品）	65,000	（肥　料　費）	95,000
	（製　造　間　接　費）	30,000		
(3)	（賃　金　手　当）	175,000	（預　り　金）	25,000
			（現　金）	150,000
(4)	（仕　掛　品）	145,000	（賃　金　手　当）	175,000
	（製　造　間　接　費）	30,000		
(5)	（経　費）	80,000	（現　金）	80,000
(6)	（仕　掛　品）	30,000	（経　費）	80,000
	（製　造　間　接　費）	50,000		
(7)	（仕　掛　品）	110,000	（製　造　間　接　費）	110,000
(8)	（製　品）	290,000	（仕　掛　品）	290,000

肥　　料　　費	（単位：円）		
(1) 買　掛　金 100,000	(2) 仕　掛　品 65,000
	〃 製　造　間　接　費 30,000

賃　　金　　手　　当	（単位：円）		
(3) 預　り　金 25,000	(4) 仕　掛　品 145,000
〃 現　金 150,000	〃 製　造　間　接　費 30,000

経　　　　　費	（単位：円）		
(5) 現　金 80,000	(6) 仕　掛　品 30,000
	〃 製　造　間　接　費 50,000

製　造　間　接　費	（単位：円）		
(2) 肥　料　費 30,000	(7) 仕　掛　品 110,000
(4) 賃　金　手　当 30,000	
(6) 経　費 50,000	

仕　　掛　　品		（単位：円）
(2) 肥　料　費　65,000	(8) 製	品　290,000
(4) 賃　金　手　当　145,000		
(6) 経　　　費　30,000		
(7) 製　造　間　接　費　110,000		

製	品	（単位：円）
(8) 仕　掛　品　290,000		

指示書別原価計算表　（単位：円）

摘　　要	ジャガイモ	ニンジン	タマネギ	合　　計
直 接 材 料 費	20,000	25,000	20,000	65,000
直 接 労 務 費	60,000	65,000	20,000	145,000
直 接 経 費	20,000	10,000	――	30,000
製 造 間 接 費	46,000	44,000	20,000	110,000
合　　計	146,000	144,000	60,000	350,000
備　　考	収　穫	収　穫	未 収 穫	

第 3 章　材料費会計

問題3　材料の購入

（種　　苗　　費）　402,000　　（買　　掛　　金）　400,000

　　　　　　　　　　　　　　　　（未　　払　　金）　　2,000

問題4　材料の消費①

＜解答＞

	（借　　　方）		（貸　　　方）	
5日：	材　　　　　料	63,000円	買　　掛　　金	63,000円
6日：	材　　　　　料	48,000円	買　　掛　　金	48,000円
11日：	仕　　掛　　品	51,500円	材　　　　　料	51,500円
18日：	材　　　　　料	51,250円	買　　掛　　金	51,250円
22日：	製 造 間 接 費	62,250円	材　　　　　料	62,250円
30日：	製 造 間 接 費	40,600円	材　　　　　料	40,600円
30日：	棚 卸 減 耗 損	2,050円	材　　　　　料	2,050円

	材		料	（単位：円）
4/1 前 月 繰 越	（ 30,000）	4/11 仕 掛 品	（ 51,500）	
5 買 掛 金	（ 63,000）	22 製 造 間 接 費	（ 62,250）	
6 買 掛 金	（ 48,000）	30 製 造 間 接 費	（ 40,600）	
18 買 掛 金	（ 51,250）	30 棚 卸 減 耗 損	（ 2,050）	
		30 次 月 繰 越	（ 35,850）	
	（ 192,250）		（ 192,250）	
5/1 前 月 繰 越	（ 35,850）			

＜解説＞

1．素材の材料元帳（先入先出法）

日	摘要	入　庫			出　庫			残　高		
		数量 (kg)	単価 (円/kg)	金額 (円)	数量 (kg)	単価 (円/kg)	金額 (円)	数量 (kg)	単価 (円/kg)	金額 (円)
1	前月繰越	100	200	20,000				100	200	20,000
5	仕　入	300	210	63,000				100	200	20,000
								300	210	63,000
11	出　庫				100	200	20,000			
					150	210	31,500	150	210	31,500
18	仕　入	250	205	51,250				150	210	31,500
								250	205	51,250
22	出　庫				150	210	31,500			
					150	205	30,750	100	205	20,500
30	減　耗				10	205	2,050	90	205	18,450
	計				560		115,800			
	残　高				90	205	18,450			
		650		134,250	650		134,250			

2．補助材料に関する計算

補　助　材　料

前月繰越	200個	@50円	10,000円	700個	@58円	40,600円	当月消費
当月仕入	800個	@60円	48,000円	300個	@58円	17,400円	次月繰越
計	1,000個	@58円	58,000円	1,000個	@58円	58,000円	

| 問題5 | 材料の消費② |

<解答・解説>

| 問1 | ① | 243,480円 | ② | 3,480円（借　方） |

| ③ | 61,920円 |

1．材料元帳（先入先出法）

日	摘要	入　庫			出　庫			残　高		
		数量 (kg)	単価 (円/kg)	金額 (円)	数量 (kg)	単価 (円/kg)	金額 (円)	数量 (kg)	単価 (円/kg)	金額 (円)
1	繰　越	100	490	49,000				100	490	49,000
2	入　庫	200	508	101,600				100	490	49,000
								200	508	101,600
4	出　庫				100	490	49,000	50	508	25,400
					150	508	76,200			
12	入　庫	300	516	154,800				50	508	25,400
								300	516	154,800
18	出　庫				50	508	25,400	120	516	61,920
					180	516	92,880			
	計				480		243,480			
	（残　高）				120	516	61,920			
		600		305,400	600		305,400			

2．実際消費価格を用いた場合の材料費：243,480円

3．予定消費価格を用いた場合の材料費：@500円×（250kg＋230kg）＝240,000円

4．材料消費価格差異：240,000円－243,480円＝－3,480円（不利＝借方）

5．月末材料有高：61,920円（実際消費価格を用いても予定消費価格を用いても同じ）

| 問2 | ① | 244,320円 | ② | 4,320円（借　方） |

| | ③ | 61,080円 |

1．材料元帳（総平均法）

日	摘要	入　庫			出　庫			残　高		
		数量 (kg)	単価 (円/kg)	金額 (円)	数量 (kg)	単価 (円/kg)	金額 (円)	数量 (kg)	単価 (円/kg)	金額 (円)
1	繰　越	100	490	49,000				100	490	49,000
2	入　庫	200	508	101,600				300		
4	出　庫				250			50		
12	入　庫	300	516	154,800				350		
18	出　庫				230			120	509	61,080
	計				480	*509	244,320			
	（残　高）				120	509	61,080			
		600		305,400	600		305,400			

＊：（49,000円＋101,600円＋154,800円）÷600kg＝@509円

2．実際消費価格を用いた場合の材料費：244,320円

3．予定消費価格を用いた場合の材料費：@500円×（250kg＋230kg）＝240,000円

4．材料消費価格差異：240,000円－244,320円＝－4,320円（不利＝借方）

5．月末材料有高：61,080円（実際消費価格を用いても予定消費価格を用いても同じ）

問3 ① 243,720円 ② 3,720円（借 方）

③ 61,680円

1．材料元帳（移動平均法）

日	摘要	入　庫			出　庫			残　高		
		数量 (kg)	単価 (円/kg)	金額 (円)	数量 (kg)	単価 (円/kg)	金額 (円)	数量 (kg)	単価 (円/kg)	金額 (円)
1	繰　越	100	490	49,000				100	490	49,000
2	入　庫	200	508	101,600				300	502	150,600
4	出　庫				250	502	125,500	50	502	25,100
12	入　庫	300	516	154,800				350	514	179,900
18	出　庫				230	514	118,220	120	514	61,680
	計				480		243,720			
	（残　高）				120	514	61,680			
		600		305,400	600		305,400			

2．実際消費価格を用いた場合の材料費：243,720円

3．予定消費価格を用いた場合の材料費：@500円×（250kg＋230kg）＝240,000円

4．材料消費価格差異：240,000円－243,720円＝－3,720円（不利＝借方）

5．月末材料有高：61,680円（実際消費価格を用いても予定消費価格を用いても同じ）

問題6　材料の消費③

<解答>

問1　棚卸減耗損　　5,040円

材			料		（単位：円）
4/1 前　月　繰　越	199,200		4/10 仕　　掛　　品	1,203,200	
4/5 買　　掛　　金	1,255,000		4/25 仕　　掛　　品	830,600	
4/20 買　　掛　　金	756,000		4/30 棚　卸　減　耗　損	5,040	
			4/30 次　月　繰　越	171,360	
	2,210,200			2,210,200	
5/1 前　月　繰　越	171,360				

仕			掛	品	（単位：円）
4/10 材　　料	1,203,200				
4/25 材　　料	830,600				

問2　棚卸減耗損　　5,040円

材料消費価格差異　　8,800円（不　利）

材			料		（単位：円）
4/1 前　月　繰　越	199,200		4/10 仕　　掛　　品	1,200,000	
4/5 買　　掛　　金	1,255,000		4/25 仕　　掛　　品	825,000	
4/20 買　　掛　　金	756,000		4/30 材料消費価格差異	8,800	
			〃 棚　卸　減　耗　損	5,040	
			4/30 次　月　繰　越	171,360	
	2,210,200			2,210,200	
5/1 前　月　繰　越	171,360				

仕			掛	品	（単位：円）
4/10 材　　料	1,200,000				
4/25 材　　料	825,000				

＜解説＞

問1　　問2

1．材料元帳（先入先出法）

日	摘要	入　庫			出　庫			残　高		
		数量 (kg)	単価 (円/kg)	金額 (円)	数量 (kg)	単価 (円/kg)	金額 (円)	数量 (kg)	単価 (円/kg)	金額 (円)
1	前月繰越	80	2,490	199,200				80	2,490	199,200
5	仕　入	500	2,510	1,255,000				80	2,490	199,200
								500	2,510	1,255,000
10	出　庫				80	2,490	199,200			
					400	2,510	1,004,000	100	2,510	251,000
20	仕　入	300	2,520	756,000				100	2,510	251,000
								300	2,520	756,000
22	出　庫				100	2,510	251,000			
					230	2,520	579,600	70	2,520	176,400
30	減　耗				2	2,520	*5,040	68	2,520	171,360
	計				812		2,038,840			
	残　高				68	2,520	171,360			
		880		2,210,200	880		2,210,200			

＊：棚卸減耗損　「消費」を行っていないので、実際価格により算定する。

2．実際消費価格を用いた場合の材料費（　問1　材料元帳出庫欄（金額）の網掛け部
　分の合計）

　　199,200円＋1,004,000円＋251,000円＋579,600円＝2,033,800円

3．予定消費価格を用いた場合の材料費（　問2　材料元帳出庫額（数量）の網掛け部
　分を利用し算定）

　　2,500円/kg×（80kg＋400kg＋100kg＋230kg）＝2,025,000円

4．材料消費価格差異（　問2　）

　　2,025,000円－2,033,800円＝－8,800円（不利）

第4章　労務費会計

問題7　労務費会計Ⅰ

8月1日	（未 払 費 用）	60,000	（賃 金 手 当）	60,000
25日	（賃 金 手 当）	200,000	（預 り 金）	20,000
			（現 金）	180,000
31日	（仕 掛 品）	160,000	（賃 金 手 当）	210,000
	（製 造 間 接 費）	50,000		
31日	（賃 金 手 当）	70,000	（未 払 費 用）	70,000

賃　　金　　手　　当		（単位：円）	
8/25 預　　り　　金	20,000	8/1 未　払　費　用	60,000
〃 現　　　　　　金	180,000	31 仕　　掛　　品	160,000
31 未　払　費　用	70,000	〃 製　造　間　接　費	50,000
	270,000		270,000

未　　払　　費　　用		（単位：円）	
8/1 賃　金　手　当	60,000	8/1 前　月　繰　越	60,000
31 次　月　繰　越	70,000	31 賃　金　手　当	70,000
	130,000		130,000
		9/1 前　月　繰　越	70,000

問題 8 ｜ 労務費会計Ⅱ

6月1日	（未 払 費 用）	360,000	（賃 金 手 当）	360,000
25日	（賃 金 手 当）	1,600,000	（預 り 金）	120,000
			（現 金）	1,480,000
30日	（仕 掛 品）	1,158,400	（賃 金 手 当）	1,574,400
	（製 造 間 接 費）	416,000		
30日	（賃 金 手 当）	340,000	（未 払 費 用）	340,000
	（賃 率 差 異）	5,600	（賃 金 手 当）	5,600

賃　金　手　当　　（単位：円）

6/25 預 り 金	120,000	6/1 未 払 費 用	360,000
〃 現 金	1,480,000	30 仕 掛 品	1,158,400
30 未 払 費 用	340,000	〃 製 造 間 接 費	416,000
		〃 賃 率 差 異	5,600
	1,940,000		1,940,000

未　払　費　用　　（単位：円）

6/1 賃 金 手 当	360,000	6/1 前 月 繰 越	360,000
30 次 月 繰 越	340,000	30 賃 金 手 当	340,000
	700,000		700,000
		7/1 前 月 繰 越	340,000

賃　率　差　異　　（単位：円）

| 6/30 賃 金 手 当 | 5,600 | | |

＜解説＞

直接労務費　1,810時間×@640円＝1,158,400円

間接労務費　（500時間＋150時間）×@640円＝416,000円

賃 率 差 異　(1)　原価計算期間の要支払額

　　　　　1,600,000円－360,000円＋340,000円＝1,580,000円

　　　　(2)　賃率差異

　　　　　（1,158,400円＋416,000円）－1,580,000円＝5,600円（借方差異）

作　業　員

給与計算期間の支給総額　1,600,000円	前月末未払額　360,000円	
	直接労務費 1,810時間 × @640円 = 1,158,400円	原価計算期間の要支払額 1,580,000円
	間接労務費 650時間 × @640円 = 416,000円	
当月末未払額　340,000円	賃率差異　5,600円	

第 5 章　経費会計

| 問題 9 | 経費会計 I

(1) 作 業 委 託 費　16,000円　(2) 保　管　料　9,200円

(3) 保　険　料　2,500円　(4) 減 価 償 却 費　60,000円

(5) 動 力 光 熱 費　4,500円　(6) 事務用消耗品費　6,900円

＜解説＞

作 業 委 託 費　15,000円 − 3,500円 + 4,500円 = 16,000円

保　管　料　9,500円 + 1,500円 − 1,800円 = 9,200円

保　険　料　$\dfrac{30,000円}{12 カ月} = 2,500円$

動 力 光 熱 費　原価計算期間の測定額を消費額とする。

事務用消耗品費　2,400円 + 7,400円 − 2,900円 = 6,900円

| 問題10 | 経費会計 II

(1)　（製 造 間 接 費）　50,000　（減 価 償 却 費）　50,000

(2)　（仕　掛　品）　120,000　（作 業 委 託 費）　120,000

(3)　（製 造 間 接 費）　70,000　（修　繕　費）　70,000

＜解説＞

減価償却費　$\dfrac{600,000円}{12 カ月} = 50,000円$

修　繕　費　$\dfrac{840,000円}{12 カ月} = 70,000円$

第6章　製造間接費会計

問題11　製造間接費会計

＜解答＞

問1	1,004,000円

問2	125.5円／㎡

問3	928,700円

問4	1,004,000円

問5

製　造　間　接　費		（単位：円）
諸　　　　口　　1,026,500	仕　掛　品	928,700
	予　算　差　異	22,500
	稼　動　差　異	75,300
1,026,500		1,026,500

＜解説＞

（期首）

計画作業面積における予算額

1,004,000円（　問1　の解答）

予定配賦率の算定

1,004,000円÷8,000h＝125.5円／㎡（　問2　の解答）

（期中）

予定配賦

125.5円／㎡×7,400㎡＝928,700円（　問3　・　問5　の解答）

（期末）

実際発生額の集計

1,026,500円

実際作業面積における予算額（固定予算なので、計画作業面積における予算額をそのまま用いる）

1,004,000円（　問4　の解答）

製造間接費配賦差異の算定

928,700円－1,026,500円＝－97,800円（不利＝借方）
_{予定配賦額　　　　実際発生額}

製造間接費配賦差異の分析

予算差異

1,004,000円　－1,026,500円＝－22,500円（不利＝借方）（　問5　の解答）
_{実際作業面積における予算額　　　実際発生額}

稼動差異

928,700円－　1,004,000円　＝－75,300円（不利＝借方）（　問5　の解答）
_{予定配賦額　　　実際作業面積における予算額}

または、125.5円／㎡×（7,400㎡－8,000㎡）＝－75,300円（不利＝借方）
_{予定配賦率　　　実・作　　　計・作}

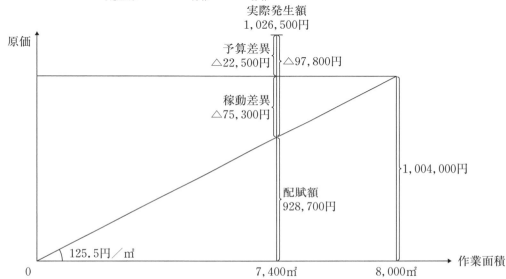

問題12　公式法変動予算

＜解答＞

問1　　　　125.5円／㎡

問2

総　差　異	△24,325円
変動費予算差異	△3,000円
固定費予算差異	△10,000円
稼　動　差　異	△11,325円

＜解説＞

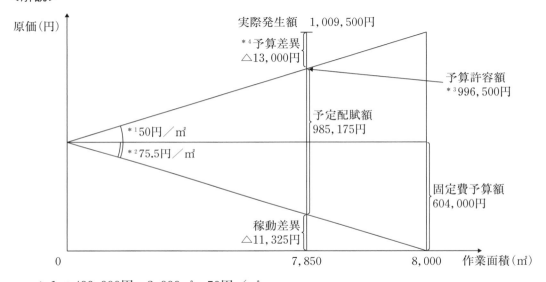

＊1：400,000円÷8,000㎡＝50円／㎡

＊2：(1,004,000円－400,000円)÷8,000㎡＝75.5円／㎡

＊3：50円／㎡×7,850㎡＋604,000円＝996,500円

＊4：予算差異の内訳は以下の通りである。

変動費予算差異：△3,000円（＝50円／㎡×7,850㎡－395,500円）

固定費予算差異：△10,000円（＝604,000円－(1,009,500円－395,500円)）

第 7 章　部門別計算

問題13　部門別計算

実 際 部 門 費 集 計 表　　　　（単位：円）

費　　目	金　　額	水稲部門	麦　部　門	大豆部門	野菜部門
部 門 個 別 費					
肥　料　費	170,000	61,000	49,000	42,000	18,000
農　薬　費	222,300	85,000	75,800	34,500	27,000
作 業 委 託 費	140,200	42,000	45,200	31,500	21,500
部 門 共 通 費					
減 価 償 却 費	345,600	162,000	121,500	40,500	21,600
共 済 掛 金	97,500	39,000	31,200	16,900	10,400
動 力 光 熱 費	29,400	12,000	9,000	6,000	2,400
部 門 費 合 計	1,005,000	401,000	331,700	171,400	100,900

（水 稲 部 門 費）　　401,000　　　（製 造 間 接 費）　　1,005,000

（麦　部　門　費）　　331,700

（大 豆 部 門 費）　　171,400

（野 菜 部 門 費）　　100,900

＜解説＞

1．部門共通費の配賦

（1）減価償却費…耕作面積を基準に配賦

① 配賦率　$\dfrac{345,600円}{600㎡ + 450㎡ + 150㎡ + 80㎡} = @270円$

② 配賦額　水稲部門　600㎡×@270円＝162,000円

麦　部　門　450㎡×@270円＝121,500円

大豆部門　150㎡×@270円＝ 40,500円

野菜部門　 80㎡×@270円＝ 21,600円

　(2)　共済掛金…機械価額を基準に配賦
　　①　配賦率　$\dfrac{97,500円（9.75万円）}{150万円＋120万円＋65万円＋40万円}×100＝2.6\%$
　　②　配賦額　水稲部門　150万円×2.6％＝39,000円

　　　　　　　　麦　部　門　120万円×2.6％＝31,200円

　　　　　　　　大豆部門　　65万円×2.6％＝16,900円

　　　　　　　　野菜部門　　40万円×2.6％＝10,400円

　(3)　動力光熱費…運転時間を基準に配賦
　　①　配賦率　$\dfrac{29,400円}{400時間＋300時間＋200時間＋80時間}＝@30円$
　　②　配賦額　水稲部門　400時間×@30円＝12,000円

　　　　　　　　麦　部　門　300時間×@30円＝　9,000円

　　　　　　　　大豆部門　200時間×@30円＝　6,000円

　　　　　　　　野菜部門　　80時間×@30円＝　2,400円

第8章　製品別計算

問題14　単純個別原価計算

指示書別原価計算表　　　　　（単位：円）

摘　　要	ジャガイモ	ニンジン	タマネギ	合　　計
前期仕掛品原価	115,000	——	——	115,000
直接材料費	（170,000）	（123,000）	（248,000）	（541,000）
直接労務費	（120,000）	（102,000）	（150,000）	（372,000）
製造間接費	（100,000）	（85,000）	（125,000）	（310,000）
合　　計	（505,000）	（310,000）	（523,000）	（1,338,000）
備　　考	収穫・引渡	収穫・未引渡	未収穫	

仕　　掛　　品　　（単位：円）

前期繰越	115,000	製品（	815,000）
材料（	541,000）	次期繰越（	523,000）
賃金手当（	372,000）		
製造間接費（	310,000）		
（	1,338,000）	（	1,338,000）

製　　品　　（単位：円）

前期繰越	432,000	売上原価（	937,000）
仕掛品（	815,000）	次期繰越（	310,000）
（	1,247,000）	（	1,247,000）

＜解説＞

1．指示書別原価計算表の作成

製造間接費予定配賦額

ジャガイモ　200時間×@500円＝100,000円

ニンジン　170時間×@500円＝　85,000円

タマネギ　250時間×@500円＝125,000円

　　　　　　　　　　　　　　310,000円

2．製品勘定

　　当期完成高　505,000円＋310,000円＝815,000円

　　当期販売高　432,000円＋505,000円＝937,000円

問題15　単純総合原価計算Ⅰ

(1)　期末仕掛品原価、完成品総合原価および完成品単位原価の計算

期末仕掛品原価

素　畜　費	12,500円
加　工　費	81,000円
合　　計	93,500円

完成品総合原価

素　畜　費	37,500円
加　工　費	405,000円
合　　計	442,500円
完成品単位原価	29,500円／頭

(2)　完成品の仕訳（単位：円）

仕		訳	
借　方　科　目	金　　　　額	貸　方　科　目	金　　　　額
製　　　　　品	442,500	仕　　掛　　品	442,500

(3)　仕掛品勘定の作成

仕　　掛　　品　　　（単位：円）

素　畜　費	50,000	製　　　品	442,500
加　工　費	486,000	次　期　繰　越	93,500
	536,000		536,000
前　期　繰　越	93,500		

＜解説＞

1．生産データのまとめ

生　産　デ　ー　タ　　（単位：頭）

当期	20	完成	15
		期末	5

2．当期の総飼育日数の計算

15頭×180日＋5頭×108日＝3,240日

3．1日1頭当たり加工費の計算

486,000円÷3,240日＝150円／日

4．期末仕掛品原価

素畜費：12,500円

加工費：150円／日 × 5 頭×108日 = 81,000円

合　計：12,500円 + 81,000円 = 93,500円

5．完成品総合原価

素畜費：50,000円 − 12,500円 = 37,500円

加工費：486,000円 − 81,000円 = 405,000円

合　計：37,500円 + 405,000円 = 442,500円

6．完成品単位原価

442,500円 ÷ 15頭 = 29,500円／頭

問題16　単純総合原価計算Ⅱ

期末仕掛品原価

素 畜 費	5,000,000円
加 工 費	21,600,000円
合 計	26,600,000円

完成品総合原価

素 畜 費	24,500,000円
加 工 費	269,100,000円
合 計	293,600,000円

完成品単位原価　29,360円／頭

仕　　掛　　品　　（単位：円）

前 期 繰 越	14,600,000	製　　　品	293,600,000
素 畜 費	27,500,000	次 期 繰 越	26,600,000
加 工 費	278,100,000		
	320,200,000		320,200,000
前 期 繰 越	26,600,000		

<解説>

1．生産データのまとめ

生 産 デ ー タ　（単位：頭）

| 期 首 | 1,000 | 完 成 | 10,000 |
| 当 期 | 11,000 | 期 末 | 2,000 |

2．当期の総飼育日数の計算

10,000頭×180日（完成品分）＋2,000頭×72日（期末仕掛品分）

$$-1,000頭×90日（期首仕掛品分）＝1,854,000日$$

3．1日1頭当たりの加工費

278,100,000円÷1,854,000日＝150円／日

4．期末仕掛品原価

素畜費：5,000,000円

加工費：150円／日×2,000頭×72日＝21,600,000円

合　計：5,000,000円＋21,600,000円＝26,600,000円

5．完成品総合原価

　　素畜費：2,000,000円＋27,500,000円－5,000,000円＝24,500,000円

　　加工費：12,600,000円＋278,100,000円－21,600,000円＝269,100,000円

　　合　　計：24,500,000円＋269,100,000円＝293,600,000円

6．完成品単位原価

　　293,600,000円÷10,000頭＝29,360円／頭

問題17　正常仕損の処理（終点発生）

＜解答＞

期末仕掛品原価	5,400,000円
完成品総合原価	34,560,000円

＜解説＞

1．当期の総飼育日数の算定

　　2,000頭×100日＋100頭×100日＋500頭×50日－800頭×60日＝187,000日

2．当期の1頭当たりの1日の加工費の算定

　　22,440,000円÷187,000日＝120円／日

3．期末仕掛品原価の計算

　　素畜費：2,400,000円

　　加工費：500頭×50日×120円／日＝3,000,000円

　　合　　計：5,400,000円

4．完成品総合原価の算定

　　3,600,000円＋5,280,000円＋8,640,000円＋22,440,000円－5,400,000円

　　＝34,560,000円

問題18　正常仕損の処理（始点発生）

＜解答＞

期末仕掛品原価	2,526,000円
完成品総合原価	22,137,600円

＜解説＞

1．当期の総飼育日数の算定

　　400頭×120日＋100頭×48日－60頭×72日＝48,480日

2．当期の1頭当たりの1日の加工費の算定

　　20,361,600円÷48,480日＝420円／日

3．期末仕掛品原価の計算

　　素畜費：2,244,000円÷（445頭－5頭）×100頭＝510,000円

　　　　　　（期末仕掛品となる家畜も正常仕損費を負担するため、素畜費は504,270円

　　　　　　ではないことに留意すること。）

　　加工費：100頭×48日×420円／日＝2,016,000円

　　合　計：2,526,000円

4．完成品総合原価の算定

　　330,000円＋1,728,000円＋2,244,000円＋20,361,600円－2,526,000円

　　＝22,137,600円

問題19　育成費の計算

1．	（飼　料　費）	280,000	（買　掛　金）	280,000		
2．	（育成仮勘定）	540,000	（育成費振替高）	540,000		
3．	（生　　物）	720,000	（育成仮勘定）	540,000		
			（育成費振替高）	180,000		
4．	（減価償却費）	120,000	（生　　物）	120,000		

第9章　農企業の財務諸表

問題20　財務諸表

製 造 原 価 報 告 書 （単位：円）

I	直 接 材 料 費		（ 1,592,000）
II	直 接 労 務 費		（ 282,000）
III	製 造 間 接 費		
	実 際 発 生 額	（ 1,040,000）	
	製 造 間 接 費 差 異	（ 40,000）	（ 1,000,000）
	当 期 総 製 造 費 用		（ 2,874,000）
	期 首 仕 掛 品 棚 卸 高		（ 426,000）
	合 計		（ 3,300,000）
	期 末 仕 掛 品 棚 卸 高		（ 542,000）
	当 期 製 品 製 造 原 価		（ 2,758,000）

損 益 計 算 書 （単位：円）

I	売 上 高		3,900,000
II	売 上 原 価		
	1. 期 首 製 品 棚 卸 高	（ 612,000）	
	2. 当 期 製 品 製 造 原 価	（ 2,758,000）	
	合 計	（ 3,370,000）	
	3. 期 末 製 品 棚 卸 高	（ 810,000）	
	差 引	（ 2,560,000）	
	4. 原 価 差 異	（ 40,000）	（ 2,600,000）
	売 上 総 利 益		（ 1,300,000）
III	販売費及び一般管理費		300,000
	営 業 利 益		（ 1,000,000）

第10章　標準原価計算

問題21　標準原価計算①

＜解答＞

完 成 品 原 価	11,160,000円
期末仕掛品原価	1,440,000円
期首仕掛品原価	468,000円

＜解説＞

完 成 品 原 価：55,800円／頭×200頭＝11,160,000円

期末仕掛品原価：1,800円／頭×50頭＋500円／ h ×50頭×0.2 h ／日×90日
　　　　　　　　＋36,000円／頭×50頭×90日÷180日＝1,440,000円

期首仕掛品原価：1,800円／頭×20頭＋500円／ h ×20頭×0.2 h ／日×72日
　　　　　　　　＋36,000円／頭×20頭×72日÷180日＝468,000円

問題22　標準原価計算②

＜解答＞

直接材料費（素畜費）差異	11,500円（不　利）
直 接 労 務 費 差 異	68,260円（不　利）
製 造 間 接 費 差 異	160,800円（不　利）

＜解説＞

直接材料費（素畜費）差異

　　1,800円／頭×230頭－425,500円＝11,500円（不利差異）

直接労務費差異

　　500円／ h ×0.2 h ／日×*39,060日－3,974,260円＝68,260円（不利差異）

製造間接費差異

　　36,000円／頭×*39,060日÷180日－7,972,800円＝160,800円（不利差異）

　　＊：総飼育日数：200頭×180日＋50頭×90日－20頭×72日＝39,060日

問題23　標準原価計算③

＜解答＞

価　格　差　異	11,500円（不　利）
数　量　差　異	0円（　―　）

＜解説＞

実際価格1,850円／頭

価格差異	
11,500円（不利）	
	数量差異
	0円（―）

標準価格1,800円／頭

標準消費量230頭　　　実際消費量230頭

価格差異：（1,800円／頭－1,850円／頭）×230頭＝－11,500円（不利）

数量差異：（230頭－230頭）×1,800円／頭＝0円（―）

問題24　標準原価計算④

＜解答＞

賃　率　差　異	24,260円（不　利）
作業時間差異	44,000円（不　利）

＜解説＞

＊：総飼育日数：200頭×180日＋50頭×90日－20頭×72日＝39,060日

実際　3,974,260円

賃率差異	
24,260円（不利）	
	作業時間差異
	44,000円（不利）

標準賃率500円／h

*標準作業時間7,812 h　　実際作業時間7,900 h

＊：39,060日（総飼育日数）×0.2 h／日

賃　率　差　異：500円／h×7,900 h－3,974,260円＝－24,260円（不利）

作業時間差異：（7,812 h－7,900 h）×500円／h＝－44,000円（不利）

問題25	標準原価計算⑤

<解答>

大根1本当たりの標準原価	47.36円／本

直接材料費差異		
種苗費価格差異	0円	（　―　）
種苗費数量差異	2,000円	（不　利）
肥料費価格差異	2,600円	（不　利）
肥料費数量差異	400円	（不　利）
農薬費価格差異	0円	（　―　）
農薬費数量差異	760円	（不　利）
直接労務費差異		
賃　率　差　異	3,500円	（不　利）
作 業 時 間 差 異	5,000円	（不　利）
製造間接費差異	1,200円	（不　利）

<解説>

大根1本当たりの標準原価

236,800円÷5,000本＝@47.36円／本

原価差異の分析

(1) 直接材料費差異の分析

① 種苗費

種苗費価格差異：（@400円／袋－@400円／袋）×205袋＝0円

種苗費数量差異：（200袋－205袋）×@400円／袋＝－2,000円（不利差異）

② 肥料費

肥料費価格差異：（@20円／kg－@25円／kg）×520kg＝－2,600円（不利差異）

肥料費数量差異：（500kg－520kg）×@20円／kg＝－400円（不利差異）

③ 農薬費

農薬費価格差異：（@760円／kg－@760円／kg）×6kg＝0円

農薬費数量差異：（5kg－6kg）×@760円／kg＝－760円（不利差異）

　(2)　直接労務費差異の分析

　　　賃　率　差　異：(@1,000円／時間 － @1,050円／時間)×70直接作業時間

　　　　　　　　　　　　＝ －3,500円（不利差異）

　　　作業時間差異：(65直接作業時間 － 70直接作業時間)×@1,000円／時間

　　　　　　　　　　　　＝ －5,000円（不利差異）

　(3)　製造間接費差異

　　　製造間接費差異：78,000円 － 79,200円 ＝ －1,200円（不利差異）

第11章　原価・生産規模・利益関係の分析

問題26　損益分岐分析

(1)　損益分岐点の変動益および販売量

変動益 | 10,000,000円 | 販売量 | 5,000個

(2)　希望営業利益3,000,000円を獲得するための変動益および販売量

変動益 | 17,500,000円 | 販売量 | 8,750個

＜解説＞

1．貢献利益率および単位貢献利益

貢献利益率 $\dfrac{6,000,000円}{15,000,000円} \times 100 = 40\%$ 　　　単位貢献利益 $\dfrac{6,000,000円}{7,500個} = @800円$

2．損益分岐点の変動益

$\dfrac{4,000,000円}{40\%} = 10,000,000円$

3．損益分岐点の販売量

$\dfrac{4,000,000円}{@800円} = 5,000個$

4．希望営業利益3,000,000円を獲得するための変動益

$\dfrac{4,000,000円 + 3,000,000円}{40\%} = 17,500,000円$

5．希望営業利益3,000,000円を獲得するための販売量

$\dfrac{4,000,000円 + 3,000,000円}{@800円} = 8,750個$

問題27　原価分解（固変分解）

＜解答＞

変動費率	125,000円／10 a	固定費額	1,700,000円

＜解説＞

1．肥料費

800,000円÷200 a ×10 a ＝40,000円／10 a

2．労務費

900,000円÷200 a ×10 a ＝45,000円／10 a

3．電力料

（1,100,000円－300,000円）÷200 a ×10 a ＝40,000円／10 a

4．変動費率の計算

40,000円／10 a ＋45,000円／10 a ＋40,000円／10 a ＝125,000円／10 a

5．固定費額の計算

1,000,000円＋300,000円＋400,000円＝1,700,000円

第12章　直接原価計算

問題28　直接原価計算

＜解答＞

全部原価計算方式の損益計算書　　（単位：円）

Ⅰ　売　上　高		（　16,290,000）
Ⅱ　売　上　原　価		
1．期首製品棚卸高	（　　　　0）	
2．当期製品製造原価	（　10,054,000）	
合　計	（　10,054,000）	
3．期末製品棚卸高	（　　　　0）	（　10,054,000）
売上総利益		（　6,236,000）
Ⅲ　販売費および一般管理費		
1．販　売　費	（　3,062,400）	
2．一般管理費	（　2,217,600）	（　5,280,000）
営業利益		（　956,000）

直接原価計算方式の損益計算書　　（単位：円）

Ⅰ　変　動　益		（　16,290,000）
Ⅱ　変動売上原価		
1．期首製品棚卸高	（　　　　0）	
2．当期製品製造原価	（　7,030,000）	
合　計	（　7,030,000）	
3．期末製品棚卸高	（　　　　0）	（　7,030,000）
限界利益		（　9,260,000）
Ⅲ　固　定　費		
1．固　定　費	（　2,810,000）	
2．販　売　費	（　3,062,400）	
3．一般管理費	（　2,217,600）	（　8,090,000）
営業利益		（　1,170,000）

＜解説＞

1．総飼育日数の計算

　　600頭×250日＋50頭×50日－80頭×150日＝140,500日

2．1日当たりの加工費の計算

　　変動加工費：3,512,500円÷140,500日＝25円／日

　　固定加工費：2,810,000円÷140,500日＝20円／日

3．期末仕掛品原価の計算

　　素畜費：275,000円

　　変動加工費：50頭×50日×25円／日＝62,500円

　　固定加工費：50頭×50日×20円／日＝50,000円

　　　全部原価計算のケース

　　　　275,000円＋62,500円＋50,000円＝387,500円

　　　直接原価計算のケース

　　　　275,000円＋62,500円＝337,500円

4．当期完成品原価の計算

　　　全部原価計算

　　　　432,000円＋288,000円＋264,000円＋3,135,000円＋3,512,500円＋2,810,000円

　　　　－387,500円＝10,054,000円

　　　直接原価計算

　　　　432,000円＋288,000円＋3,135,000円＋3,512,500円－337,500円＝7,030,000円

第2編　財務会計編

第2章　伝票会計

問題29　伝票から総勘定元帳への転記

現　　金　　　　　　　　1

日付		摘　要	仕丁	借　方	貸　方	借/貸	残　高
1	8	入　金　伝　票	1001	400,000		借	400,000
	21	出　金　伝　票	2001		30,000	〃	370,000

器　具　備　品　　　　　10

日付		摘　要	仕丁	借　方	貸　方	借/貸	残　高
1	31	振　替　伝　票	3002	100,000		借	100,000

買　掛　金　　　　　　　22

日付		摘　要	仕丁	借　方	貸　方	借/貸	残　高
1	14	振　替　伝　票	3001		50,000	貸	50,000

未　払　金　　　　　　　25

日付		摘　要	仕丁	借　方	貸　方	借/貸	残　高
1	31	振　替　伝　票	3002		100,000	貸	100,000

水　稲　売　上　高　　　41

日付		摘　要	仕丁	借　方	貸　方	借/貸	残　高
1	8	入　金　伝　票	1001		400,000	貸	400,000

肥　料　費　　　　　　　51

日付		摘　要	仕丁	借　方	貸　方	借/貸	残　高
1	14	振　替　伝　票	3001	50,000		借	50,000
	21	出　金　伝　票	2001	30,000		〃	80,000

第 3 章　固定資産・繰延資産

問題30　減価償却費

(1)　建　　物	(2)　構　築　物	(3)　機械装置
67,500円	88,000円	349,848円

(4)　車両運搬具	(5)　器 具 備 品	
243,111円	115,200円	

＜解説＞

(1)　建物

$3,000,000円 \times 0.9 \times 0.025 = 67,500円$

(2)　構築物

$2,200,000円 \times 0.040 = 88,000円$

(3)　機械装置

$(2,000,000円 - 452,000円) \times 0.226 = 349,848円$

(4)　車両運搬具

$(1,000,000円 - 417,000円) \times 0.417 = 243,111円$

(5)　器具備品

$(800,000円 - 512,000円) \times 0.400 = 115,200円$

問題31　建設仮勘定

(1)　（建 設 仮 勘 定）　4,000,000　（当 座 預 金）　4,000,000

(2)　（建　　　　　物）　10,000,000　（建 設 仮 勘 定）　4,000,000

　　　　　　　　　　　　　　　　　　　（当 座 預 金）　6,000,000

(3)①　直接法

　　　（減 価 償 却 費）　100,000　（建　　　　　物）　100,000

　　②　間接法

　　　（減 価 償 却 費）　100,000　（減価償却累計額）　100,000

＜解説＞

　減価償却費の計算

$$10,000,000円 \times 0.040 \times \frac{3カ月}{12カ月} = 100,000円$$

問題32　生物・育成仮勘定

1．（飼 　料　 費）　280,000　（買　　掛　　金）　280,000

2．（育 成 仮 勘 定）　540,000　（育 成 費 振 替 高）　540,000

3．（生　　　　　物）　720,000　（育 成 仮 勘 定）　540,000

　　　　　　　　　　　　　　　　　　（育 成 費 振 替 高）　180,000

4．（減 価 償 却 費）　120,000　（生　　　　　物）　120,000

問題33　ファイナンス・リース取引の判定

(1)　所有権移転ファイナンス・リース取引　　　　　　　　　　　備品甲

(2)　所有権移転外ファイナンス・リース取引　　　　　　　　　　備品丙

(3)　オペレーティング・リース取引　　　　　　　　　　　　　　備品乙

＜解説＞

　1．備品甲

　　（1）　リース料総額の割引現在価値

$$\frac{500,000円}{(1+0.03)}+\frac{500,000円}{(1+0.03)^2}+\frac{500,000円}{(1+0.03)^3}+\frac{500,000円}{(1+0.03)^4}+\frac{500,000円}{(1+0.03)^5}$$
$$\fallingdotseq 2,289,854円 \text{（円未満四捨五入）}$$

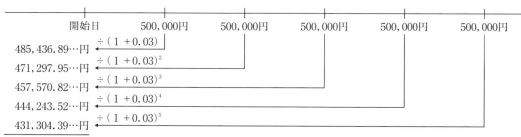

開始日	500,000円	500,000円	500,000円	500,000円	500,000円

485,436.89…円　÷(1+0.03)
471,297.95…円　÷(1+0.03)²
457,570.82…円　÷(1+0.03)³
444,243.52…円　÷(1+0.03)⁴
431,304.39…円　÷(1+0.03)⁵

2,289,853.59…円　$\fallingdotseq$ 2,289,854円（円未満四捨五入）

　　（2）　ファイナンス・リース取引の判定

$$\frac{2,289,854円}{2,375,000円}(\fallingdotseq 96\%)\geqq 90\% \quad または \quad \frac{5年}{6年}(\fallingdotseq 83\%)\geqq 75\%$$

　　　現在価値基準、経済的耐用年数基準ともに満たしており、ファイナンス・リース取引に該当する。なお、所有権が移転する契約であるため、所有権移転ファイナンス・リース取引となる。

　2．備品乙

　　（1）　リース料総額の割引現在価値

$$\frac{100,000円}{(1+0.05)}+\frac{100,000円}{(1+0.05)^2}+\frac{100,000円}{(1+0.05)^3}\fallingdotseq 272,325円 \text{（円未満四捨五入）}$$

開始日	100,000円	100,000円	100,000円

95,238.09…円　÷(1+0.05)
90,702.94…円　÷(1+0.05)²
86,383.75…円　÷(1+0.05)³

272,324.80…円　$\fallingdotseq$ 272,325円（円未満四捨五入）

(2)　ファイナンス・リース取引の判定

$$\frac{272,325円}{415,000円}(≒66\%)<90\% \quad または \quad \frac{3年}{5年}(=60\%)<75\%$$

現在価値基準、経済的耐用年数基準ともに満たさないため、オペレーティング・

リース取引となる。

3．備品丙

(1)　リース料総額の割引現在価値

$$\frac{240,000円}{(1+0.04)}+\frac{240,000円}{(1+0.04)^2}+\frac{240,000円}{(1+0.04)^3}+\frac{240,000円}{(1+0.04)^4}$$

≒871,175円（円未満四捨五入）

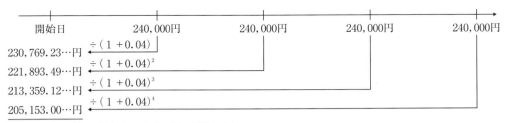

(2)　ファイナンス・リース取引の判定

$$\frac{871,175円}{916,000円}(≒95\%)≧90\% \quad または \quad \frac{4年}{6年}(≒67\%)<75\%$$

現在価値基準を満たしているため、ファイナンス・リース取引に該当する。な

お、所有権が移転する契約ではないため、所有権移転外ファイナンス・リース取引

となる。

問題34　借手の会計処理

(1)　リース債務の返済スケジュール

（単位：円）

支　払　日	期　首　元　本	支　　　　　払　　　　　額			期　末　元　本
		元本償還額	利息相当額	合　計　額	
X2. 3. 31	80,000	14,753	3,247	18,000	65,247
X3. 3. 31	65,247	15,352	2,648	18,000	49,895
X4. 3. 31	49,895	15,975	2,025	18,000	33,920
X5. 3. 31	33,920	16,623	1,377	18,000	17,297
X6. 3. 31	17,297	17,297	703	18,000	———
合　　計	———	80,000	10,000	90,000	———

<解説>

　1．X2年3月31日支払分

　　(1)　支払利息　80,000円×4.059%≒3,247円（円未満四捨五入）
　　　　　　　　期首元本

　　(2)　元本償還額　18,000円－3,247円＝14,753円
　　　　　　　　　　年間リース料　利息相当額

　　(3)　期末元本　80,000円－14,753円＝65,247円
　　　　　　　　　期首元本　　元本償還額

　2．X3年3月31日支払分

　　(1)　支払利息　65,247円×4.059%≒2,648円（円未満四捨五入）
　　　　　　　　期首元本

　　(2)　元本償還額　18,000円－2,648円＝15,352円
　　　　　　　　　　年間リース料　利息相当額

　　(3)　期末元本　65,247円－15,352円＝49,895円
　　　　　　　　　期首元本　　元本償還額

　3．X4年3月31日支払分

　　(1)　支払利息　49,895円×4.059%≒2,025円（円未満四捨五入）
　　　　　　　　期首元本

　　(2)　元本償還額　18,000円－2,025円＝15,975円
　　　　　　　　　　年間リース料　利息相当額

　　(3)　期末元本　49,895円－15,975円＝33,920円
　　　　　　　　　期首元本　　元本償還額

　4．X5年3月31日支払分

　　(1)　支払利息　33,920円×4.059%≒1,377円（円未満四捨五入）
　　　　　　　　期首元本

　　(2)　元本償還額　18,000円－1,377円＝16,623円
　　　　　　　　　　年間リース料　利息相当額

　　(3)　期末元本　33,920円－16,623円＝17,297円
　　　　　　　　　期首元本　　元本償還額

　5．X6年3月31日支払分

　　(1)　支払利息　18,000円－17,297円＝703円
　　　　　　　　年間リース料　期首元本

　　最終回の利息であるため、差引により求めている。

(2)　元本償還額

　　最終年度のため、期首元本17,297円となる。

(2)　借手側の仕訳

①　リース取引開始日（X1年4月1日）

（リース資産）　　80,000　　（リース債務）　　80,000

②　リース料支払時（X2年3月31日）

（リース債務）　　14,753　　（現　　　金）　　18,000

（支払利息）　　3,247

③　決算時（X2年3月31日）

（減価償却費）　　16,000　　（減価償却累計額）　　16,000

<解説>

1．リース取引開始日

リース資産の取得原価相当額をリース資産およびリース債務として計上する。

2．リース料支払時（支払利息の計算）

80,000円×4.059%≒3,247円（円未満四捨五入）

3．決算時（減価償却費の計算）

80,000円×0.2＝16,000円

問題35　オペレーティング・リース取引

借手の仕訳

①　リース取引開始日（X1年4月1日）

仕　訳　不　要

②　リース料支払時（X2年3月31日）

（支払リース料）　　18,000　　（現　　　金）　　18,000

問題36　無形固定資産

(1)　（商　標　権）　30,000,000　　（当　座　預　金）　30,000,000

(2)　（商 標 権 償 却）　3,000,000　　（商　標　権）　3,000,000

＜解説＞

　償却額の計算

　　30,000,000円÷10年＝3,000,000円

問題37　繰延資産

(1)　（開　業　費）　100,000　　（当　座　預　金）　100,000

(2)　（開 業 費 償 却）　20,000　　（開　業　費）　20,000

＜解説＞

　開業費償却の計算

　　$100,000円 \times \dfrac{12 \text{カ月}}{12 \text{カ月} \times 5 \text{年}} = 20,000円$

(3)　（開 業 費 償 却）　16,000　　（開　業　費）　16,000

＜解説＞

　開業費償却の計算

　　$240,000円 \times \dfrac{4 \text{カ月}}{12 \text{カ月} \times 5 \text{年}} = 16,000円$

(4)　（開　発　費）　800,000　　（当　座　預　金）　800,000

(5)　（開 発 費 償 却）　160,000　　（開　発　費）　160,000

＜解説＞

　開発費償却の計算

　　$800,000円 \times \dfrac{12 \text{カ月}}{12 \text{カ月} \times 5 \text{年}} = 160,000円$

問題38　固定資産の売却

(1)　（減価償却累計額）　　350,000　　　（車 両 運 搬 具）　　700,000

　　　（減 価 償 却 費）　　 21,875

　　　（現　　　　金）　　300,000

　　　（固定資産売却損）　　 28,125

＜解説＞

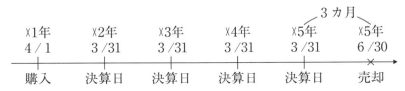

減価償却累計額の計算

　700,000円×0.125× 4 年＝350,000円

減価償却費の計算

　700,000円×0.125×$\frac{3 カ月}{12カ月}$＝21,875円

固定資産売却損の計算

　（700,000円－350,000円－21,875円）－300,000円＝28,125円

(2)　（減価償却累計額）　　500,000　　　（器 具 備 品）　　2,000,000

　　　（未 収 入 金）　　1,200,000

　　　（固定資産売却損）　　300,000

＜解説＞

減価償却累計額の計算

　2,000,000円×0.125× 2 年＝500,000円

固定資産売却損の計算

　（2,000,000円－500,000円）－1,200,000円＝300,000円

問題39　固定資産の買換え

(1)　（器　具　備　品）　4,000,000　　（器　具　備　品）　1,600,000

　　　（減価償却累計額）　　640,000　　（現　　　　　金）　3,500,000

　　　（減　価　償　却　費）　160,000

　　　（固定資産売却損）　　300,000

＜解説＞

　固定資産売却損の計算

　　（1,600,000円 － 640,000円 － 160,000円）－ 500,000円 ＝ 300,000円

(2)　（車　両　運　搬　具）　1,500,000　　（車　両　運　搬　具）　1,000,000

　　　（減価償却累計額）　　600,000　　（未　　払　　金）　1,200,000

　　　（固定資産売却損）　　100,000

＜解説＞

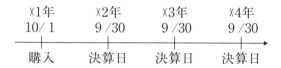

　減価償却累計額の計算

　　1,000,000円 × 0.2 × 3年 ＝ 600,000円

　固定資産売却損の計算

　　（1,000,000円 － 600,000円）－ 300,000円 ＝ 100,000円

問題40　固定資産の廃棄

(1)　（減価償却累計額）　　625,000　　　（車両運搬具）　1,250,000
　　　（減価償却費）　　　　78,125
　　　（固定資産廃棄損）　546,875

＜解説＞

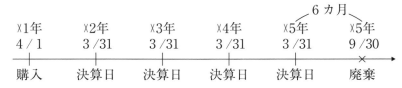

減価償却累計額の計算
　1,250,000円×0.125×4年＝625,000円

減価償却費の計算
　$1,250,000円×0.125×\dfrac{6カ月}{12カ月}=78,125円$

固定資産廃棄損の計算
　1,250,000円－625,000円－78,125円＝546,875円

(2)　（減価償却累計額）　2,400,000　　　（機械装置）　3,000,000
　　　（固定資産廃棄損）　600,000

＜解説＞

　　X3年　　　X4年　　　X5年　　　X6年　　　X7年
　　7/1　　　6/30　　　6/30　　　6/30　　　6/30
　├──────┼──────┼──────┼──────┼──────→
　購入　　　決算日　　　決算日　　　決算日　　　決算日

減価償却累計額の計算
　3,000,000円×0.2×4年＝2,400,000円

固定資産廃棄損の計算
　3,000,000円－2,400,000円＝600,000円

| 問題41 | 固定資産の除却 |

(1)　　（減価償却累計額）　　625,000　　　（車　両　運　搬　具）　　1,250,000

　　　　（減 価 償 却 費）　　 78,125

　　　　（貯　　蔵　　品）　　200,000

　　　　（固定資産除却損）　　346,875

＜解説＞

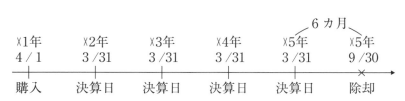

　　減価償却累計額の計算

　　　1,250,000円×0.125× 4 年＝625,000円

　　減価償却費の計算

　　　$1,250,000円×0.125×\dfrac{6カ月}{12カ月}＝78,125円$

　　固定資産除却損の計算

　　　（1,250,000円－625,000円－78,125円）－200,000円＝346,875円

(2)　　（減価償却累計額）　4,000,000　　　（機　械　装　置）　　5,000,000

　　　　（貯　　蔵　　品）　　500,000

　　　　（固定資産除却損）　　500,000

＜解説＞

　　減価償却累計額の計算

　　　5,000,000円×0.2× 4 年＝4,000,000円

　　固定資産除却損の計算

　　　（5,000,000円－4,000,000円）－500,000円＝500,000円

問題42　固定資産の滅失Ⅰ

（減価償却累計額）	1,080,000	（建 物）	2,700,000
（減 価 償 却 費）	45,000		
（火 災 損 失）	1,575,000		

＜解説＞

減価償却費の計算

$2,700,000円 \times 0.05 \times \dfrac{4 カ月}{12カ月} = 45,000円$

火災損失の計算

$2,700,000円 - 1,080,000円 - 45,000円 = 1,575,000円$

問題43　固定資産の滅失Ⅱ

(1)　X5年12月31日

（減価償却累計額）	1,600,000	（建 物）	4,000,000
（減 価 償 却 費）	150,000		
（未 決 算）	2,250,000		

＜解説＞

減価償却費の計算

$4,000,000円 \times 0.05 \times \dfrac{9 カ月}{12カ月} = 150,000円$

未決算の計算

$4,000,000円 - 1,600,000円 - 150,000円 = 2,250,000円$

(2)　X6年２月15日

（未 収 入 金）	2,000,000	（未 決 算）	2,250,000
（火 災 損 失）	250,000		

＜解説＞

火災損失の計算

$2,250,000円 - 2,000,000円 = 250,000円$

問題44　固定資産の滅失Ⅲ

(1)

（減価償却累計額）	3,920,000	（建 物）	7,000,000
（未 決 算）	3,080,000		

＜解説＞

未決算の計算

$7,000,000円 - 3,920,000円 = 3,080,000円$

(2)　（未　収　入　金）　2,400,000　　（未　　決　　算）　3,000,000
　　　（火　災　損　失）　　600,000

＜解説＞

　　未決算の計算

　　　5,000,000円－2,000,000円＝3,000,000円

　　なお、建物滅失時の仕訳を示すと次のようになる。

　　　（減価償却累計額）　2,000,000　　（建　　　　物）　5,000,000
　　　（未　　決　　算）　3,000,000

　　火災損失の計算

　　　3,000,000円－2,400,000円＝600,000円

問題45　生物の売却

　　　（現　　　　　金）　340,000　　（生 物 売 却 収 入）　340,000
　　　（減 価 償 却 費）　 75,000　　（生　　　　物）　360,000
　　　（生 物 売 却 原 価）　285,000

＜解説＞

　　減価償却費の計算

　　　$600,000円 \times 0.250 \times \dfrac{6 カ月}{12 カ月} = 75,000円$

　　生物売却原価の計算

　　　期首時点の帳簿価額　　600,000円－240,000円＝360,000円

　　　売却時点の帳簿価額　　360,000円－ 75,000円＝285,000円
　　　　　　　　　　　　　　　　　　　当期減価償却費

問題46　圧縮記帳

(イ)　直接減額方式による場合

　(1)　（普　通　預　金）　800,000　　（国庫補助金収入）　800,000

　(2)　（機　械　装　置）　1,800,000　　（普　通　預　金）　1,800,000

　　　（固定資産圧縮損）　800,000　　（機　械　装　置）　800,000

(ロ)　積立金方式による場合

　(1)　（普　通　預　金）　800,000　　（国庫補助金収入）　800,000

　(2)　（機　械　装　置）　1,800,000　　（普　通　預　金）　1,800,000

　　　（繰越利益剰余金）　800,000　　（圧　縮　積　立　金）　800,000

第４章　引当金・準備金

問題47　貸倒損失

　　　（貸　倒　損　失）　　450,000　　　（売　　掛　　金）　　450,000

問題48　貸倒引当金の計上

①　差額補充法

　　　（貸倒引当金繰入）　　7,000　　　（貸　倒　引　当　金）　　7,000

②　洗替法

　　　（貸　倒　引　当　金）　　3,000　　　（貸倒引当金戻入）　　3,000

　　　（貸倒引当金繰入）　　10,000　　　（貸　倒　引　当　金）　　10,000

＜解説＞

　貸倒引当金設定額の計算

　　（200,000円＋300,000円）× 2 ％＝10,000円

　　∴10,000円－3,000円＝7,000円

問題49　貸倒引当金の取崩し

(1)　（貸　倒　引　当　金）　　500,000　　　（売　　掛　　金）　　500,000

(2)　（貸　倒　引　当　金）　　650,000　　　（売　　掛　　金）　　800,000

　　　（貸　倒　損　失）　　150,000

問題50　退職給付引当金

(1)　（退職給付費用）　　300,000　　　（退職給付引当金）　　300,000

(2)　（退職給付費用）　　5,000,000　　　（退職給付引当金）　　5,000,000

(3)　（退職給付引当金）　　970,000　　　（現　　　　金）　　1,000,000

　　　（退　　職　　金）　　30,000

| 問題51 | 農業経営基盤強化準備金 |

1.　（普　通　預　金）　2,000,000　（作 付 助 成 収 入）　2,000,000
2.　（農業経営基盤
強化準備金繰入）　2,000,000　（農 業 経 営 基 盤
強 化 準 備 金）　2,000,000
3.　（農 業 経 営 基 盤
強 化 準 備 金）　3,500,000　（農 業 経 営 基 盤
強化準備金戻入）　3,500,000
4.　（機　械　装　置）　6,000,000　（普　通　預　金）　6,000,000
5.　（固定資産圧縮損）　6,000,000　（機　械　装　置）　6,000,000

第 5 章　株式会社

問題52　株式会社の設立

(1)① （当 座 預 金）10,500,000　　（資　本　金）10,500,000
　　　（創　立　費）　150,000　　（当 座 預 金）　150,000
　② （当 座 預 金）10,500,000　　（資　本　金）5,250,000
　　　　　　　　　　　　　　　　（資 本 準 備 金）5,250,000
　　　（創　立　費）　150,000　　（当 座 預 金）　150,000

＜解説＞

資本金計上額の計算

① 会社法規定の原則額とした場合

@70,000円×150株＝10,500,000円

② 会社法規定の最低金額とした場合

@70,000円×150株×$\frac{1}{2}$＝5,250,000円

(2)　（創 立 費 償 却）　30,000　　（創　立　費）　30,000

＜解説＞

創立費償却の計算

150,000円×$\frac{12カ月}{12カ月×5年}$＝30,000円

問題53　株式会社の増資

(1)①　（当 座 預 金）　10,000,000　　（資　　本　　金）　10,000,000
　　　　（株 式 交 付 費）　 120,000　　（現　　　　　金）　　 120,000
　②　（当 座 預 金）　10,000,000　　（資　　本　　金）　 5,000,000
　　　　　　　　　　　　　　　　　　　（資 本 準 備 金）　 5,000,000
　　　　（株 式 交 付 費）　 120,000　　（現　　　　　金）　　 120,000

＜解説＞

　資本金計上額の計算

　　①　会社法規定の原則額とした場合

　　　　@100,000円×100株＝10,000,000円

　　②　会社法規定の最低金額とした場合

　　　　@100,000円×100株×$\frac{1}{2}$＝5,000,000円

(2)　　（株式交付費償却）　 40,000　　（株 式 交 付 費）　　 40,000

＜解説＞

　株式交付費償却の計算

　　$120,000円 \times \dfrac{12 カ月}{12 カ月 \times 3 年} = 40,000円$

問題54　新株の発行

(1)　　（別 段 預 金）　16,000,000　　（株式申込証拠金）　16,000,000
(2)　　（株式申込証拠金）　16,000,000　　（資　　本　　金）　 8,000,000
　　　　　　　　　　　　　　　　　　　　（資 本 準 備 金）　 8,000,000
　　　　（当 座 預 金）　16,000,000　　（別 段 預 金）　16,000,000

＜解説＞

　資本金計上額の計算

　　@80,000円×200株×$\frac{1}{2}$＝8,000,000円

問題55　剰余金の配当等Ⅰ

X1年12月31日

　　（損　　　　　益）　1,000,000　　（繰越利益剰余金）　1,000,000

X2年 3 月15日

　　（繰越利益剰余金）　750,000　　（未 払 配 当 金）　500,000

　　　　　　　　　　　　　　　　　　（利 益 準 備 金）　 50,000

　　　　　　　　　　　　　　　　　　（別 途 積 立 金）　200,000

＜解説＞

　利益準備金積立額の計算

　　$500,000円_{配当金} \times \dfrac{1}{10} = 50,000円$

問題56　剰余金の配当等Ⅱ

X1年 6 月28日

　　（繰越利益剰余金）　380,000　　（未 払 配 当 金）　300,000

　　　　　　　　　　　　　　　　　　（利 益 準 備 金）　 30,000

　　　　　　　　　　　　　　　　　　（別 途 積 立 金）　 50,000

X1年 7 月15日

　　（未 払 配 当 金）　300,000　　（当 座 預 金）　300,000

X2年 3 月31日

　　（損　　　　　益）　700,000　　（繰越利益剰余金）　700,000

繰越利益剰余金

3 /31	次 期 繰 越	500,000	3 /31	損　　　　益	500,000
6 /28	未払配当金	300,000	4 / 1	前 期 繰 越	500,000
〃	利益準備金	30,000	3 /31	損　　　　益	700,000
〃	別途積立金	50,000			
3 /31	次 期 繰 越	820,000			
		1,200,000			1,200,000
			4 / 1	前 期 繰 越	820,000

＜解説＞

　利益準備金積立額の計算

　　$300,000円_{配当金} \times \dfrac{1}{10} = 30,000円$

問題57	剰余金の配当等Ⅲ

（繰越利益剰余金）	15,800,000	（未 払 配 当 金）	10,000,000
		（利 益 準 備 金）	800,000
		（新 築 積 立 金）	5,000,000

＜解説＞

利益準備金積立額の計算

(イ)　配当により減少する剰余金の額の10分の1

$$10,000,000円 \times \frac{1}{10} = 1,000,000円$$
　　配当金

(ロ)　積立限度額（資本準備金の額と合わせて資本金の4分の1に達するまで）

$$40,000,000円 \times \frac{1}{4} - (7,000,000円 + 2,200,000円) = 800,000円$$
　　資本金　　　　　　　　　　資本準備金既積立額　　利益準備金既積立額

(ハ)　(イ)と(ロ)を比較していずれか少ない金額

$$1,000,000円 > 800,000円 \quad \therefore 800,000円$$

問題58	剰余金の配当等Ⅳ

X1年3月31日

（繰越利益剰余金）	200,000	（損　　　　　益）	200,000

X1年6月20日

（別 途 積 立 金）	100,000	（繰越利益剰余金）	180,000
（新 築 積 立 金）	80,000		

問題59	法人税等

(1)	（仮 払 法 人 税 等）	900,000	（当 座 預 金）	900,000
(2)	（法 人 税 等）	2,050,000	（仮 払 法 人 税 等）	900,000
			（未 払 法 人 税 等）	1,150,000
(3)	（損　　　　　益）	2,050,000	（法 人 税 等）	2,050,000
(4)	（未 払 法 人 税 等）	1,150,000	（当 座 預 金）	1,150,000

仮払法人税等

当座預金	900,000	法人税等	900,000

未払法人税等

次期繰越	1,150,000	法人税等	1,150,000
当座預金	1,150,000	前期繰越	1,150,000

法 人 税 等

諸 口	2,050,000	損 益	2,050,000

第6章　農事組合法人

問題60　剰余金の配当（農事組合法人）

1．（仮 払 配 当 金）　3,000,000　（現　　　　　金）　3,000,000

2．（繰越利益剰余金）　3,800,000　（利 益 準 備 金）　　300,000

　　　　　　　　　　　　　　　　　（農業経営基盤強化準 備 金）　　500,000

　　　　　　　　　　　　　　　　　（未 払 配 当 金）　3,000,000

　　（未 払 配 当 金）　3,000,000　（仮 払 配 当 金）　3,000,000

第7章　その他の取引

問題61　交付金・補塡金

1.	（共　済　掛　金）	50,000	（普　通　預　金）	50,000
2.	（普　通　預　金）	300,000	（価格補塡収入）	300,000
3.	（普　通　預　金）	400,000	（飼　　料　　費）	400,000
4.	（普　通　預　金）	500,000	（作付助成収入）	500,000

問題62　消費税

(1)

（肥　　料　　費）	100,000	（買　　掛　　金）	110,000
（仮払消費税等）	10,000		

＜解説＞

購入にかかる消費税額

税抜購入高　$110,000円 \times \dfrac{100}{110} = 100,000円$

消費税相当額　$110,000円 \times \dfrac{10}{110} = 10,000円$

(2)

（売　　掛　　金）	275,000	（製　品　売　上　高）	250,000
		（仮受消費税等）	25,000

＜解説＞

売上にかかる消費税額

税抜売上高　$275,000円 \times \dfrac{100}{110} = 250,000円$

消費税相当額　$275,000円 \times \dfrac{10}{110} = 25,000円$

(3)

（仮受消費税等）	25,000	（仮払消費税等）	10,000
		（未払消費税等）	15,000

第8章　決算

問題63　損益計算書・貸借対照表

損 益 計 算 書

○○株式会社　　　　　　自X5年4月1日　至X6年3月31日　　　　　　（単位：円）

Ⅰ 売　　上　　高			200,000
Ⅱ 売　上　原　価			
1．期首製品棚卸高	（ 7,000）		
2．当期製品製造原価	（ 174,000）		
合　　　　計	（ 181,000）		
3．期末製品棚卸高	（ 7,200）	（ 173,800）	
売 上 総 利 益		（ 26,200）	
Ⅲ 販売費及び一般管理費			
1．保　　険　　料	（ 6,000）		
2．貸倒引当金繰入	（ 450）		
3．退 職 給 付 費 用	（ 4,300）		
4．(減 価 償 却 費)	（ 10,350）	（ 21,100）	
営 業 利 益		（ 5,100）	
Ⅳ 営 業 外 収 益			
1．受 取 地 代		（ 2,400）	
Ⅴ 営 業 外 費 用			
1．支 払 利 息		400	
経 常 利 益		（ 7,100）	
Ⅵ 特 別 利 益			
1．貸 倒 引 当 金 戻 入		（ 100）	
Ⅶ 特 別 損 失			
1．固 定 資 産 売 却 損		1,000	
税引前当期純利益		（ 6,200）	
法 人 税 等		（ 3,100）	
当 期 純 利 益		（ 3,100）	

貸 借 対 照 表

○○株式会社　　　　　　　　　X6年3月31日現在　　　　　　　　（単位：円）

資 産 の 部			負 債 の 部	
Ⅰ 流 動 資 産			**Ⅰ 流 動 負 債**	
1．現 金 預 金		（ 17,800)	1．買 掛 金	14,000
2．売 掛 金	（ 15,000)		2．短 期 借 入 金	20,000
貸 倒 引 当 金	（ 450)	（ 14,550)	3．未 払 法 人 税 等	（ 3,100)
3．(製 品)		（ 7,200)	4．前 受 収 益	（ 600)
4．(原 材 料)		（ 3,400)	流 動 負 債 合 計	（ 37,700)
5．(仕 掛 品)		（ 5,500)	**Ⅱ 固 定 負 債**	
6．(前 払 費 用)		（ 1,000)	1．(退職給付引当金)	（ 15,800)
流 動 資 産 合 計		（ 49,450)	固 定 負 債 合 計	（ 15,800)
Ⅱ 固 定 資 産			負 債 合 計	（ 53,500)
1．建 物	(200,000)		**純 資 産 の 部**	
減価償却累計額	（ 46,250)	(153,750)	**Ⅰ 株 主 資 本**	
2．器 具 備 品	（ 10,000)		1．資 本 金	150,000
減価償却累計額	（ 3,600)	（ 6,400)	2．資 本 剰 余 金	
3．土 地	100,000		(1)資 本 準 備 金	10,000
固 定 資 産 合 計		(260,150)	資本剰余金合計	10,000
			3．利 益 剰 余 金	
			(1)利 益 準 備 金	20,000
			(2)その他利益剰余金	
			別 途 積 立 金	69,000
			繰越利益剰余金	（ 7,100)
			利益剰余金合計	（ 96,100)
			純 資 産 合 計	(256,100)
資 産 合 計		(309,600)	負債・純資産合計	(309,600)

＜解説＞

(1)	（仮　受　金）	3,000	（売　掛　金）	3,000

(1)　（仮　受　金）　3,000　（売　掛　金）　3,000
(2)　（建　　　物）　50,000　（建 設 仮 勘 定）　50,000
(3)　（貸 倒 引 当 金）　100　（貸倒引当金戻入）　100
　　（貸倒引当金繰入）　450　（貸 倒 引 当 金）　450
　　（18,000円－3,000円）× 3 ％＝450円
(4)　（退 職 給 付 費 用）　4,300　（退 職 給 付 引 当 金）　4,300
(5)　（期首製品棚卸高）　7,000　（製　　　品）　7,000
　　（製　　　品）　7,200　（期末製品棚卸高）　7,200
　　（期首原材料棚卸高）　3,000　（原　材　料）　3,000
　　（原　材　料）　3,400　（期末原材料棚卸高）　3,400
　　（期首仕掛品棚卸高）　5,000　（仕　掛　品）　5,000
　　（仕　掛　品）　5,500　（期末仕掛品棚卸高）　5,500
(6)　（減 価 償 却 費）　10,350　（建物減価償却累計額）　8,750
　　　　　　　　　　　　　　　　（器具備品減価償却累計額）　1,600

建　　物　　150,000円×0.05＝7,500円

$$50,000円×0.05×\frac{6 カ 月}{12 カ 月}＝1,250円$$

器具備品　（10,000円－2,000円）×0.200＝1,600円

(7)　（前 払 費 用）　1,000　（保　険　料）　1,000
(8)　（受 取 地 代）　600　（前 受 収 益）　600
(9)　（法 人 税 等）　3,100　（未 払 法 人 税 等）　3,100
　　6,200円（税引前当期純利益）×50％＝3,100円

（注）　当期製品製造原価の金額

30,000円（種苗費）＋50,000円（農薬費）＋52,000円（肥料費）

＋42,900円（賃金手当）＋3,000円（期首原材料）＋5,000円（期首仕掛品）

－3,400円（期末原材料）－5,500円（期末仕掛品）＝174,000円

問題64　株主資本等変動計算書

剰余金の配当等

（繰越利益剰余金）	472,000	（未 払 配 当 金）	320,000
		（利 益 準 備 金）	32,000
		（新 築 積 立 金）	56,000
		（別 途 積 立 金）	64,000

当期純利益の振替え

| （損　　　　　益） | 656,000 | （繰越利益剰余金） | 656,000 |

株主資本等変動計算書

大原株式会社　　　　　自X2年4月1日　至X3年3月31日　　　　　（単位：円）

	株　主　資　本						
		資本剰余金	利　益　剰　余　金				株主資本合　計
	資 本 金	資本準備金	利益準備金	その他利益剰余金			
				新築積立金	別途積立金	繰越利益剰余金	
当 期 首 残 高	8,000,000	960,000	800,000	720,000	400,000	608,000	11,488,000
当 期 変 動 額							
剰 余 金 の 配 当			32,000			△352,000	△320,000
新築積立金の積立				56,000		△56,000	——
別途積立金の積立					64,000	△64,000	——
当 期 純 利 益						656,000	656,000
当期変動額合計	——	——	32,000	56,000	64,000	184,000	336,000
当 期 末 残 高	8,000,000	960,000	832,000	776,000	464,000	792,000	11,824,000

＜解説＞

利益準備金積立額の計算

(イ)　配当により減少する剰余金の額の10分の1

$$320,000円\underset{配当金}{} \times \frac{1}{10} = 32,000円$$

(ロ)　積立限度額（資本準備金の額と併せて資本金の4分の1に達するまで）

$$8,000,000円\underset{資本金}{} \times \frac{1}{4} - (960,000円\underset{資本準備金既積立額}{} + 800,000円\underset{利益準備金既積立額}{}) = 240,000円$$

(ハ)　(イ)と(ロ)を比較していずれか少ない金額

32,000円＜240,000円　　　∴32,000円

問題65　剰余金処分案

剰　余　金　処　分　案

大原農事組合法人

自　X1年1月1日
至　X1年12月31日　　　　　　　　　　（単位：円）

【当期未処分剰余金】

当 期 剰 余 金	（　　10,000,000）	
前期繰越剰余金	0	
		（　　10,000,000）

【剰余金処分額】

利 益 準 備 金		（　　1,000,000）	
任 意 積 立 金			
農業経営基盤強化準備金	（　　2,000,000）		
		（　　2,000,000）	
配　　当　　金			
事業分量配当金	（　　500,000）		
従事分量配当金	（　　4,500,000）		
出 資 配 当 金	（　　600,000）	（　　5,600,000）	（　　8,600,000）
【次期繰越剰余金】			（　　1,400,000）

第9章　収入保険

問題66　収入保険

1. （共　済　掛　金）　117,000　　（当　座　預　金）　487,500
　　（経営保険積立金）　337,500
　　（事 務 通 信 費）　33,000
2. （前 払 費 用）　150,000　　（共　済　掛　金）　117,000
　　　　　　　　　　　　　　　（事 務 通 信 費）　33,000
3. （共　済　掛　金）　117,000　　（前 払 費 用）　150,000
　　（事 務 通 信 費）　33,000
4. （未　決　算）　2,362,500　　（収入保険補填収入）　2,362,500
5. （未 収 入 金）　2,362,500　　（未　決　算）　2,362,500
6. （当 座 預 金）　2,700,000　　（未 収 入 金）　2,362,500
　　　　　　　　　　　　　　　（経営保険積立金）　337,500

おわりに

　この本を出版するにあたり、関係者の皆様の御支援、御協力に感謝申し上げます。

　本書は、当協会会長で税理士の森剛一が執筆し、学校法人大原簿記学校講師の野島一彦、保田順慶、安部秀俊、石垣保の各氏と議論を重ねて作成したものです。

　また、本書の出版が、学校法人大原簿記学校及び大原出版株式会社の多大なる御支援、御協力によって実現できましたことを厚く御礼申し上げます。この農業簿記テキストが、日本の農業の企業的経営の計数管理の礎になりますことを願ってやみません。

　　　　　　　　　　　　　　　一般社団法人　全国農業経営コンサルタント協会

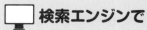

農業簿記講座及び農業簿記検定のご案内

農業簿記3級コース
標準学習期間：2ヶ月

簿記の学習経験がない方を対象に、個人農業者を前提とした日々の営農活動の記録方法や決算書の作成方法を学びます。農業簿記検定3級合格を目指す方に最適のコースです。

■受講料 ※入学金不要

一般価格		大学生協等割引価格	
公式教科書・問題集付	**8,100**円	公式教科書・問題集付	**7,690**円 大学生協等5%OFF
公式教科書・問題集なし	**6,500**円	公式教科書・問題集なし	**6,170**円 大学生協等5%OFF

■講義回数 **全6回** ■発送開始日 **随時発送**

農業簿記2級コース
標準学習期間：4ヶ月

3級程度の知識を習得されている方を対象に、農業における法人経営の経理など、より実践的な取引の記録方法や原価計算の手法を学びます。農業簿記検定2級合格を目指す方に最適のコースです。

■受講料 ※入学金不要

一般価格		大学生協等割引価格	
公式教科書・問題集付	**14,200**円	公式教科書・問題集付	**13,490**円 大学生協等5%OFF
公式教科書・問題集なし	**12,400**円	公式教科書・問題集なし	**11,780**円 大学生協等5%OFF

■講義回数 **全12回** ■発送開始日 **随時発送**

コース内容、価格などは予告なく変更することがあります。詳細は、大原ホームページをご確認ください。https://www.o-hara.jp/
すべて税込価格となります。

教材とカリキュラム

農業簿記検定公式の教科書と問題集を使用し、大原の専任講師による講義DVD他を見ながら学習いただきます。
試験形式の問題演習を行なうため答練を用意し、具体的な解答手法を解説講義で説明します。

合格に必要な基礎的な知識の習得

step1
公式教科書をしっかりとマスターすることが学習の基本となります。講義DVD（講義レジュメ付）を見ながら何度も繰り返し読み込むことが大切です。

step2
公式教科書に沿って編集された問題集を繰り返し解くことで、しっかりとした知識をマスターしていただけます。

step3
知識の習得度は採点問題でチェック。できない問題はしっかりと復習をしてください。

合格に必要な問題解答力を養成する

step4
試験形式の問題を解答する機会を多く作ることで、試験形式に慣れていただき、弱点を早期に発見できます。

step5
模擬試験は大原の本試験出題予想問題となります。これまで習得した知識を発揮して合格点を目指してください。

農業簿記検定とは

試験科目 1級、2級、3級
試験日程 7月第1日曜日・11月第4日曜日

この農業簿記検定は、学習簿記の範囲にその出題の範囲を留めることなく、それぞれの時代において抱える現実の課題をも出題テーマに含めることなど、農業の実体・実状等を反映するものとして出題内容を精選することにより、まさに、この検定受験のために「学習した知識が」→「現場で（実際に）役立つ」という関係を実現していきたいと考えています。農業に関心を持つ方々に少しでも、農業簿記を理解し、有効なスキルとして利用して戴くためにも、この農業簿記検定の受験をぜひ、お勧めします。

農業簿記検定の主催者ご紹介
一般財団法人 日本ビジネス技能検定協会
本部・事務局 東京都千代田区西神田2-3-8 谷口ビル5階
http://www.jab-kentei.or.jp/
TEL.03-6265-6124 （平日9:00～18:00 土日祝：休み）

農業簿記検定の監修者ご紹介
一般社団法人 全国農業経営コンサルタント協会
事務局 東京都千代田区二番町9-8 中労基協ビル 1F
https://www.agri-consul.jp/
TEL.03-6673-4771

受験申込みから結果発表までの流れ

受験申込みを行う

個人申込 ①②のどちらか
①当協会ホームページの「web申込」から、申込
②ハガキで申込

日本ビジネス技能検定協会HP：http://www.jab-kentei.or.jp/index.html

団体申込 当協会まで「農業簿記検定団体受験希望」とメールしてください。折り返し団体申込書（Excel）をお送りします。

Eメール：admini@jab-kentei.or.jp

1 受験料（検定料）を指定口座に払込む
必ず、「受験料払込締切日」までに、指定金融機関口座に申込内容に応じた受験料（検定料）を振込んでください。

2

3 受験票が届く
受験料の払込が確認された方には、郵送で受験票を発送します。

4 受験する
受験票に記載された会場で受験してください。

5 結果発表
結果通知発送日に、検定の結果を郵送発送致します。

──本書のお問い合わせ先──

一般社団法人 全国農業経営コンサルタント協会 事務局
〒102-0084
東京都千代田区二番町9-8　中労基協ビル1F
Tel 03-6673-4771　　Fax 03-6673-4841
E-mail：inf@agri-consul.jp
ＨＰ：https://www.agri-consul.jp/

農業簿記検定問題集　2級（第5版）

■発行年月日　2013年6月1日　初版発行
　　　　　　　2024年1月10日　5版2刷発行
■著　　　者　一般社団法人 全国農業経営コンサルタント協会
　　　　　　　学校法人 大原学園大原簿記学校
■発　行　所　大原出版株式会社
　　　　　　　〒101-0065
　　　　　　　東京都千代田区西神田1-2-10
　　　　　　　TEL　03-3292-6654
■印刷・製本　株式会社　メディオ

落丁本、乱丁本はお取り替えいたします。定価は表紙に表示してあります。

ISBN978-4-86486-917-1 C1034